高分子基礎科学
One Point 10

物性Ⅱ：
高分子ナノ物性

高分子学会 ［編集］

田中敬二
中嶋 健 ［著］

共立出版

「高分子基礎科学 One Point」シリーズ
編集委員会

編集委員長	渡邉正義	横浜国立大学 大学院工学研究院
編集委員	斎藤 拓	東京農工大学 大学院工学府
	田中敬二	九州大学 大学院工学研究院
	中 建介	京都工芸繊維大学 分子化学系
	永井 晃	日立化成株式会社 先端技術研究開発センタ

複写される方へ

本書の無断複写は著作権法上での例外を除き禁じられています。本書を複写される場合は、複写権等の行使の委託を受けている次の団体にご連絡ください。

〒107-0052 東京都港区赤坂 9-6-41 乃木坂ビル 一般社団法人 学術著作権協会
電話 (03)3475-5618　FAX(03)3475-5619　E-mail: info@jaacc.jp

転載・翻訳など、複写以外の許諾は、高分子学会へ直接ご連絡下さい。

シリーズ刊行にあたって

　高分子学会では，高分子科学の全分野がまとまった教科書として「基礎高分子科学」を刊行している．この書籍は内容がよくまとまった非常に良い書籍であるものの，内容が高度であり，学部生や企業の新入社員が高分子科学を初めて学習するためには分量も多く，困難であることが多い．一方，高分子学会では，この教科書とは対照的な「高分子新素材 One Point」シリーズ，「高分子加工 One Point」シリーズ，「高分子サイエンス One Point」シリーズ，「高分子先端材料 One Point」シリーズといった，小さいサイズながらも深く良く理解できるように編集された One Point シリーズを刊行してきており，これらの One Point シリーズは手軽に入手できることから多くの読者を得ている．

　そこで，高分子学会第30期出版委員会では，これまでの One Point シリーズのコンセプトをもとに，新たに「最先端材料システム One Point」シリーズと「高分子基礎科学 One Point」シリーズを刊行することとした．前者は最先端の材料やそのシステムについてホットな話題をまとめ，すでに全巻が刊行済みで好評をいただいている．今回，刊行を開始する「高分子基礎科学 One Point」シリーズは，最先端の高分子基礎科学を，コンパクトかつ執筆者の思想を前面に押し出して執筆いただいた．

　本シリーズは，高分子精密合成と構造・物性を含めた以下の全10巻で構成される．

第1巻　精密重合Ⅰ：ラジカル重合
第2巻　精密重合Ⅱ：イオン・配位・開環・逐次重合
第3巻　デンドリティック高分子
第4巻　ネットワークポリマー
第5巻　ポリマーブラシ
第6巻　高分子ゲル
第7巻　構造Ⅰ：ポリマーアロイ

第 8 巻　構造 II：高分子の結晶化
第 9 巻　物性 I：力学物性
第 10 巻　物性 II：高分子ナノ物性

　各巻ごとに一テーマがまとまっているので手軽に学びやすく，また基礎から最新情報までが平易に解説されているため，初学者から専門家まで役立つものとなっている．従来の 1 冊の教科書を 10 冊に分けたことにより，各巻の執筆者が研究に掛ける熱い思いも伝えられるだろう．

　本シリーズは学会主催の各種基礎講座（勉強会）や Webinar（ウェブセミナー）等の教科書として使用することも念頭に置いて構成しているので，高分子科学をこれから学ぼうとする多くの学生や研究技術者の役にも立てるものと期待している．

　刊行にあたっては，各巻の執筆者の方々や取りまとめ担当の方々にご尽力いただいた．ここに改めてお礼申し上げる．

2012 年 10 月

高分子学会第 30 期出版委員長　渡邉正義

まえがき

　高分子材料は私たちの身の回りに溢れており,さまざまな形で生活を支えている.従来の高分子は構造材料が主流であったが,昨今では機能材料として使われる場合も多い.たとえば,スマートフォンなどに代表される携帯端末の表示パネルは高分子なくしては実現できない.また,端末内部にはさまざまな高機能粘着剤・粘着シートなどが使用されているが,これらは構造材料とも機能材料ともとらえることができる.

　わが国の科学技術基本計画を俯瞰すると,平成22年から27年までの第4期ではグリーンイノベーション,ライフイノベーションが掲げられ,「持続的な成長と社会の発展」が目的であった.高分子関連で考えると,高分子固体電解質,セパレータ,高分子半導体,分離膜,血液適合コーティング,細胞スキャフォールドなどが典型例であり,これらの応用において,その表面および界面の設計・制御は極めて重要となる.また,平成28年度からの第5期では,サイバーセキュリティ,IoT (Internet of Things) システム,ビッグデータ解析,AI(人工知能),デバイス,ロボット,センサ,バイオテクノロジー,素材・ナノテクノロジー,光・量子などがキーワードとなっており,超スマート社会,いわゆるSociety 5.0の実現が目指されている.このような背景のもと,高分子材料・デバイスが小さく,薄くなることは間違いなく,これまでにも増して局所領域における高分子の構造・物性の重要性が高まることが予想される.

　高分子の構造には階層があり,その結果,物性にも階層が存在する.また,それぞれに分布が存在した不均一な描像となっている.加えて,物性の場合は時間で考えるのか,空間で考えるのかなどの議論も必要となる.これらを体系化し理解することは高分子科学の醍醐味であるが,本書の範囲を超えている.ここでは,局所領域をナノ空間のサイズに限定して考える.分子量にも依存するが,分子鎖一本の空間的広がりがナノサイズである.また,表面や界面でさまざまな特異性が観測されるの

も 10 nm 程度の空間である．したがって，本書では，表面・界面，または薄膜で観測される特異な物性を「ナノ物性」と称して俯瞰する．

後述するように，材料の表面や界面では，その内部と比較して自由エネルギーが異なっている．このため，三次元バルク状態の試料を用いて体系化されてきた高分子科学の知見を，そのまま適用したり，あるいは単純な外挿で表面や界面における高分子の振る舞いを理解することは危険である．また，薄膜では試料全体積に対する表面・界面積の比が著しく大きくなる．したがって，表面・界面と同様，バルクの知見ですべてを理解することは困難となる．表面・界面での高分子物性は一次構造だけでなく，履歴や置かれた環境によって著しく異なるため，学問的な体系化にはまだまだ時間を要する．そこで，本書では表面・界面，または薄膜で観測される新しい実験事実を紹介することに注力した．

なお，本書では一つの記号でいろいろな意味が使用されている．たとえば，ϕ は体積分率にも位相差にも使用されている．統一すべきか最後まで議論したが，その分野で使用されている意味で用いるのが最適だとの判断に至り，都度定義することで，そのまま残している．

ナノ領域での高分子の振る舞いを理解し，制御された高分子材料・デバイスが創製され，第四次の産業革命へと繋がれば筆者としてはこの上ない喜びである．

2017 年 3 月

田中敬二・中嶋 健

目　　次

第1章　界面の考え方　　1

1.1　はじめに　　1
1.2　界面の定義と自由エネルギー　　3
1.3　接触角　　4

第2章　表面構造　　8

2.1　局所コンフォメーション　　8
2.2　結晶構造　　14
2.3　表面濃縮　　15
2.4　原子間力顕微鏡による表面凝集構造解析　　21

第3章　表面物性　　34

3.1　弾性率　　34
3.2　フォースディスタンスカーブ解析と弾性率マッピング　　39
3.3　弾性率の深さ依存性　　43
3.4　ガラス転移　　46
3.5　緩和過程　　48
3.6　立体規則性の効果　　50
3.7　表面層の厚さ　　53
3.8　表面粘弾性の定量評価　　55

第4章　界面構造　　71

4.1　局所コンフォメーション　　71
　4.1.1　異種固体界面　　71
　4.1.2　液体界面　　77

- 4.2 密度分布 ･････････････････････････････････････ 77
- 4.3 界面拡散と界面厚 ･･･････････････････････････････ 82
- 4.4 複合材料界面 ･･･････････････････････････････････ 88

第5章 界面物性　　100

- 5.1 異種固体界面 ･･････････････････････････････････ 100
  - 5.1.1 モデル界面 ･･･････････････････････････････ 100
  - 5.1.2 実試料界面 ･･･････････････････････････････ 104
- 5.2 液体界面 ････････････････････････････････････ 108

第6章 薄膜構造と物性　　113

- 6.1 構造 ･･ 113
- 6.2 ガラス転移温度 ･･････････････････････････････････ 114
- 6.3 緩和時間分布 ･･･････････････････････････････････ 118
- 6.4 弾性率評価 ････････････････････････････････････ 121

索　引　　131

第1章

界面の考え方

1.1 はじめに

近年,表面・界面,また,超薄状態における高分子の構造および物性は学術的な興味だけでなく,機能発現と関連して注目を集めている.しかしながら,これらを三次元バルク試料で蓄積されてきた高分子科学に基づき,予測・理解することは困難であることも明らかにされつつある.古典的な表面科学においては,固体表面の分子運動は凍結され平衡状態にあることが前提となっているが,この定義は金属や無機材料の多くに適用可能であり,高分子固体には馴染まない場合が多いように思える.

高分子固体は,一般に,熱力学的に非平衡な状態で凍結されている.図 1.1 は融液状態にある高分子を冷却した際のエンタルピー変化,あるいは体積変化を示している.温度 T_i で溶融状態にある液体を冷却していくと,凝固点 T_m で結晶化が起こり,エンタルピー(あるいは体積)は不連続に減少する.しかしながら,対称性の悪い分子の場合は結晶化できずに過冷却状態になる.さらに温度が低くなると,構造が不規則なまま固化する.この温度はガラス転移温度 T_g と呼ばれる.結晶化しないまま T_g 以下の温度まで冷却された状態はアモルファス,あるいは,ガラスと呼ばれる.したがって,ガラスは結晶状態への熱力学的な相転移を経由していないので,物理化学的には凍結した液体である.高分子は単結晶でさえもフォールディング部分などの非晶を含んでおり,また,一般的な結晶性高分子では数十%以上の非晶域を含んでいる.したがって,高分子材料は固体に見えても,物理化学的には固体と液体の

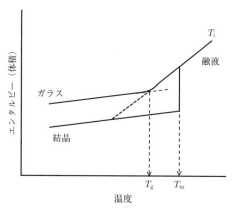

図 1.1 物質のエンタルピーと温度の関係.

混合物であることに注意すべきである.

　一方,物質の変形や流動を扱うレオロジーでは,巨視的に流れない,動かない,あるいは硬い物質を固体と考える.この際の固体の定義はデボラ数として知られる,緩和時間 τ と観測時間 t の比 τ/t が 1 よりも著しく大きいことである.したがって,後述するように,表面や界面に存在する分子鎖がバルク状態と異なった緩和時間で運動すれば,これらの場における物性は異なることになる.たとえば,高分子の表面では,その内部と比較して,分子運動が活性化されている場合が多い.このため,高分子固体の表面は周囲環境に応じて安定な構造へと変化する.潤滑,摩擦・摩耗,接着・粘着,低分子の選択分離,生体適合性,有機薄層デバイスなどを考えると,高分子は異種相と接している.これは,とりもなおさず,高分子最外層の構造は異種相との相互作用に応じて変化し,内部と異なることを意味している.しかしながら,異種相と接した高分子界面は系中に埋もれているため,その構造ならびに物性を直接評価することは実験的に困難であり,詳細な議論が少ないのが現状である.本書では,「界面とは何か」,「界面でのエネルギーとは何か」を考えた後,各論に移ってその新しい考え方を紹介したい.

1.2 界面の定義と自由エネルギー

界面とは2つの相の境界面であり、高分子を基準に考えれば高分子/気体、高分子/液体、および、高分子/固体界面が存在する。特に接触相が気体の場合を高分子表面と呼ぶ。また、接触相が固体の場合、異種固体と高分子との接触が考えられる。高分子の場合は、高分子/高分子界面、すなわち、ポリマーブレンド界面となり、実験的にも理論的にも理解が進んでいる。詳細は、本 One Point シリーズの第7巻にまとめられている[1]。

表面・界面の厚みについては、どのような現象を考えるかでその定義も変わる。巨視的な構造材料を考える場合には、数 mm 単位の層を表面や界面ととらえる場合もある。しかしながら、高分子科学で扱う界面は一般的に数セグメントから数分子鎖程度、数値でいえば数 nm から数十 nm 程度となる。このような厚さ（深さ）範囲では、分子鎖の形態や末端基分布などがバルク状態とは異なり、その結果、エネルギー状態も異なる。本書でいう「バルク」とは、特に説明がなければ、材料の内部ととらえてもよいし、巨視的な集団ととらえてもよい。

図 1.2 の模式図は表面、あるいは、界面近傍に存在する繰り返し単位を示している。あるセグメントに着目するとバルク中では同種のセグメントに囲まれている。一方、表面・界面では異種セグメント間の接触が起こるため、エンタルピーが異なる。また、表面や界面からの摂動のため、これらの場では、分子鎖がランダムコイルコンフォメーションを

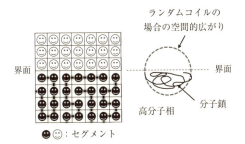

図 1.2　界面近傍での格子モデルと分子鎖の広がりの模式図．

取れずエントロピーも異なり，結果として，自由エネルギーが異なる．これら表面・界面が存在することによる過剰なエネルギーが，表面・界面自由エネルギーであると考えてよい．したがって，熱力学的には表面・界面の自由エネルギーは小さいほど好ましい．水滴が丸くなるのは，単位体積あたりで表面積が最も小さい幾何学形状が球であることによる．また，後述するポリマーブレンドなどで観測される表面・界面濃縮現象も系の自由エネルギーの最小化が駆動力となっている．

1.3 接触角

濡れは固体表面が関与する多くの現象と密接に関連している．たとえば，固体に異種固体を付着させることを考える．接着剤や粘着剤を被着固体の表面に塗布した後，もう一方の固体を接触させて荷重を印加する．接着力発現の理解は古くて新しい課題であり，多くの未解決な問題が残されているが，被着体表面上での接着剤や粘着剤の濡れが接着力発現に重要な役割を果たすことは間違いない．荷重をかける操作は接着剤や粘着剤を固体表面によく濡らすためである．また，固体材料を生体内に入れると，材料表面へのタンパク質吸着が起こり，生体防御反応が開始される．コンタクトレンズを使用する人にはよく知られた現象である．この場合は，体液のコンタクトレンズ上への濡れが鍵となる．

固体表面の濡れ性も，基本的には，表面自由エネルギーによって理解できる．図 1.3 は固体上に液滴を置いた際の形状と接触角 θ を示している．図中 γ_{SL}, γ_{SV} および γ_{LV} は，それぞれ，固体と液体の界面張力，固体の表面張力，および液体の表面張力を示している．3 つの張力をベクトルとしてそのバランスを考えると，次の関係が成り立つ．

$$\gamma_{SV} = \gamma_{SL} + \gamma_{LV} \cdot \cos\theta \tag{1.1}$$

換言すれば，上式が満たされる角度で液滴の形状は平衡となる．上式はYoung の式として知られている．シリコーンや，テフロンに代表されるフッ素含有炭化水素化合物では γ_{SV} が小さいため，θ は大きくなる．したがって，高分子にシリコーンやテフロンを添加すると，後述する濃縮現象により，表面に選択的に集まり，疎水的な表面を調製できる．

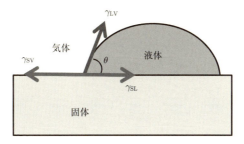

図 1.3　固体上の液滴と界面張力の釣り合い．

また，濡れの拡張係数 S は，

$$S = \gamma_{SV} - (\gamma_{SL} + \gamma_{LV}) \tag{1.2}$$

で定義され，$S \geq 0$ の条件が満たされるとき，液体は固体を完全に濡らす．濡れの拡張係数は，高分子混合物の超薄膜構造や表面濃縮現象などを考えるうえでも重要な因子である．

表面張力は一次元で定義される熱力学量で，その単位は N/m である．一方，表面自由エネルギーの単位は J/m^2 である．したがって，表面が等方的であれば，表面張力と表面自由エネルギーの違いは次元だけで同義であると考えてよいが，結晶や液晶のような異方性表面の場合には，両者は同義ではないことに注意したい．

表面張力が既知の 2 種の液体を使って接触角を測定すれば，固体表面の自由エネルギーを簡便に評価できる[2]．また，γ_{SV} は温度 T が上昇すると小さくなる．表面自由エネルギーを表面でのギブズエネルギーと考えれば，γ_{SV} は表面エンタルピー H^s と表面エントロピー S^s を用いて，

$$\gamma_{SV} = H^s - T \cdot S^s \tag{1.3}$$

と書ける．温度が上昇すれば右辺第 2 項が大きくなるので γ_{SV} は小さくなる．また，高分子固体における γ_{SV} の分子量依存性は興味深い課題である．これまで，分子量の低下に伴って γ_{SV} が増加あるいは減少する，また，ほとんど依存しないという，3 種類の例が報告されてい

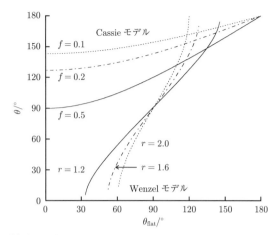

図 1.4 接触角への表面粗さの効果．Wenzel モデルと Cassie モデルによる予測．
る[3]．

表面が平滑でない場合，θ は粗さの程度に応じて変化する．Wenzel モデルは表面粗さを相対面積比 r で表現している[4]．凹凸を有する実際の表面積は見かけの面積より大きくなるため，θ は，

$$\cos\theta = r \cdot \cos\theta_{\text{flat}} \tag{1.4}$$

となる．ここで θ_{flat} は表面粗さがない場合の θ である．実際には，表面粗さが大きい場合，液滴は表面に浸透しなくなる．すなわち，固液界面に空気がトラップされ，結果として，接触角は著しく増加する．この場合，表面粗さと θ の関係は次の Cassie モデルの式で表される[5]．

$$\cos\theta = f\cos\theta_{\text{flat}} + f - 1 \tag{1.5}$$

式中 f は液滴と凹凸表面との接触比率である．図 1.4 は Wenzel および Cassie の式に基づいて予測した θ と表面粗さの関係である．Wenzel によると，接触角は $\theta_{\text{flat}} < 90°$ の範囲で表面粗さの増加に伴って小さくなる．一方，Cassie らのモデルでは，表面が粗くなると θ は平滑な場合よりも必ず大きくなる．表面形状により撥水・撥油性が向上する例として，蓮の葉や羽毛が知られている．表面自由エネルギーと粗さを制

御すれば,超撥水性や親水性表面,異方的濡れ性を示す表面などの調製が可能となる[6].

以上の議論は,プローブ液体によって高分子表面の構造が変わらないことを前提としている.しかしながら,表面に存在する分子鎖は動きやすく,周囲環境の変化に応じてその凝集状態を変化させる.接触角測定に基づき,高分子の表面ダイナミクスが評価できるが,詳細は後述する.

参考文献

1) 扇澤敏明:『構造Ⅰポリマーアロイ』(高分子基礎科学 One Point 7) 高分子学会 編,共立出版 (2014).
2) D. K. Owens and R. C. Wendt: *J. Appl. Polym. Sci.* **13**, 1741 (1969).
3) J. Brandrup, E. H. Immergut, and E. A. Grulke (eds.): "Polymer Handbook, 2 Volumes Set, 4th Edition", Wiley (2003).
4) R. N. Wenzel: *Ind. Eng. Chem.* **28**, 988 (1936).
5) A. B. D. Cassie and S. Baxter: *Trans. Faraday Soc.* **40**, 0546 (1944).
6) M. Hikita, K. Tanaka, T. Nakamura, T. Kajiyama, and A. Takahara: *Langmuir* **21**, 7299 (2005).

第 2 章

表面構造

2.1 局所コンフォメーション

　高分子最表面に存在する分子鎖のセグメントが空気相側に入るとセグメント間の接触数が減少するため,エネルギー的には不利になる.このため,セグメントは空気相側に行かず,高分子側へ戻る.図 **2.1** はその模式図である.最外層に存在するセグメントが高分子相側に戻ったとしても,高分子内部に存在するセグメントと比較して,セグメント間の接触数は減少している.このことも,表面に存在するセグメントのエネルギーが内部と比較して高くなる要因である.Silberberg は,表面から高分子鎖の慣性半径程度の厚さの層内の鎖はいくらか圧縮された形態をとり,表面第一層のセグメントに対する制限のためエントロピーが減少すると予測している[1].この表面での形態エントロピーの減少は低分子量成分の表面濃縮などと密接に関連している.

　高分子の表面・界面における分子鎖の凝集状態に関しては古くから多く検討されてきたが,その多くは上述のような理論やシミュレーションに基づく議論であった.近年,界面選択分光法の発達により,最界面領域における高分子の局所コンフォメーションが解析可能となってきた.和周波発生 (SFG) 分光は二次の非線形光学効果を利用した測定法であり,媒質が反転対称性をもつときには不活性であるが,界面ではその対称性が崩れるため,活性となる[2].図 **2.2** は SFG 分光の界面選択性を説明した図である.

　注目している官能基の分極率を P とすると,P は入射光の電場強度 E に比例するので,

2.1 局所コンフォメーション　　9

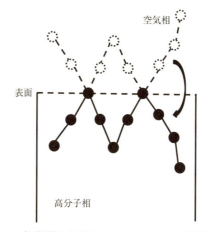

図 2.1　表面近傍におけるコンフォメーションの鏡像原理.
出典：A. Silberberg: *J. Colloid Interface Sci.* **90**, 861 (1982). （一部改変）

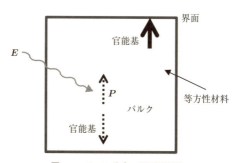

図 2.2　SFG 分光の界面選択性.

$$\boldsymbol{P} = \chi^{(1)} \cdot \boldsymbol{E} \tag{2.1}$$

と書ける．ここで $\chi^{(1)}$ は比例定数である．いま，入射光強度が強い場合には，

$$\boldsymbol{P} = \chi^{(1)} \cdot \boldsymbol{E} + \chi^{(2)} \cdot \boldsymbol{EE} + \chi^{(3)} \cdot \boldsymbol{EEE} + \cdots \tag{2.2}$$

となり，高次の応答が観測される．$\chi^{(2)}$ は上述と同様に比例定数で，二次の非線形感受率である．SFG の場合，二次の非線形光学応答を利

用しており，シグナルの強度は $\chi^{(2)}$ の2乗に比例する．等方的な材料のバルク中に存在する官能基に着目すると，式 (2.2) より，$\bm{P}^{(2)} = \chi^{(2)} \cdot \bm{EE}$ である．しかしながら，材料が等方的であれば，着目している官能基の周囲には逆方向を向いた官能基が存在するはずで，この場合，$-\bm{P}^{(2)} = \chi^{(2)} \cdot \bm{EE}$ となる．同一材料中のバルクでは，これら2つの式が同時に満たされなくてはならず，そのためには $\chi^{(2)} = 0$ となる．したがって，等方的な材料のバルク中からはSFGシグナルが観測されない．一方，表面や界面において，着目している官能基が何らかの配向を有していれば $\chi^{(2)}$ は有限の値となるため，SFGシグナルが観測される．したがって，SFGシグナルが観測されるためには，着目した官能基が界面で配向していなければならない．SFGの分析深さは多くの実験からサブナノメートル程度であると理解してよいように思われる．ここでは，代表的な非晶性高分子であるポリスチレン（PS）およびポリメタクリル酸メチル（PMMA）を例にとり，界面における局所コンフォメーションについて見てみる．

図 **2.3** はスピンコート法および溶媒蒸発法により調製したPS膜のSFGスペクトルである．基板には溶融石英を用い，偏光の組み合わせは ssp としている．ここで1番目，2番目また3番目の文字は，それぞれ，SFGシグナル，入射可視光および入射赤外光の偏光状態を表している．ssp の場合，界面に対して垂直方向の情報が得られ，ppp の場合は全方向の情報が得られる．また，SFGでは可視および赤外光の入射角度を制御することで，空気界面あるいは基板界面側の情報を選択的に取得できる．ここでは，空気界面，すなわち，表面側を観るような入射角の配置にしている．2840 および 2920 cm^{-1} 付近に観測されているピークは，それぞれ，メチレン基のC-H対称および逆対称伸縮振動モードに，2960 cm^{-1} 付近のピークはメチル基のC-H逆対称伸縮振動モードに対応する．2905 cm^{-1} 付近に観測されたピークはFermi共鳴により増幅されたメチレン基のC-H伸縮振動，もしくは，メチン基の伸縮振動モードに対応する．このピークに関しては，これまでさまざまな議論が展開されているが，異なる開始剤を用いて合成した重水素化PSのSFGスペクトルより，後者の帰属が妥当であるように思える[3]．

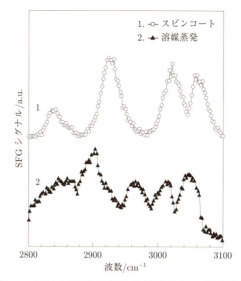

図 2.3 スピンコート法および溶媒蒸発法により調製した PS 膜表面からの SFG スペクトル.

用いた PS は sec-ブチルリチウムを開始剤として合成している.したがって,メチル基由来の SFG シグナルが観測されたことは,膜表面に末端基が濃縮することを示している.また,3000〜3100 cm^{-1} 付近には,フェニル基の C-H 伸縮振動由来の SFG シグナルが観測されている.この結果は,フェニル基が表面において配向することを示しており,他にも同様の報告がなされている[4].

図 **2.4** は石英基板上に調製した PMMA 膜の SFG スペクトルと熱処理温度の関係であり[5],熱処理は各温度で 24 時間行っている.PMMA 膜には窒素界面および石英基板界面の 2 つが存在するが,同スペクトルは窒素界面の情報を反映している.PMMA 膜の SFG ピークは部分重水素化 PMMA を用いて帰属されている.2910 および 2935 cm^{-1} 付近のピークはメチレン基の C-H 対称および逆対称伸縮振動に,2955 および 2990 cm^{-1} 付近のピークはエステルメチル基の C-H 対称および逆対称伸縮振動に対応する.また,2990 cm^{-1} 付近に観測されたピークはメトキシ基に加え,α メチル基の C-H 逆対称振動からの寄与

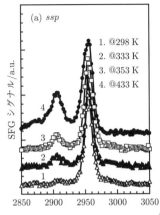 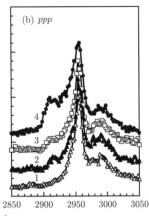

図 2.4 スピンコート法で調製した PMMA 膜表面（窒素界面）からの SFG スペクトルとその熱処理温度依存性.

出典：Y. Tateishi, N. Kai, H. Noguchi, K. Uosaki, T. Nagamura, and K. Tanaka: *Polym. Chem.* **1**, 303 (2010).

も重なっている．2910 cm^{-1} におけるメチレン基由来のピークは，室温ではほとんど観測されていないが，温度上昇に伴い増大する様子が明らかである．PMMA においてメチレン基は主鎖の一部であり，疎水性である．熱処理は真空中で行っているため，膜最外層は疎水性基で覆われた方が熱力学的に安定である．したがって，ここで示した結果は，製膜直後の高分子膜に熱処理を施すと最外層の分子鎖局所コンフォメーションが変化し，より安定な凝集状態へと再配列が起こることを示している．ここで用いた試料はアニオン重合で調製しているためシンジオタクチックリッチであり，バルクの T_g は 400 K である．しかしながら，333 K で熱処理を行った場合でも，SFG スペクトルは変化している．この結果は，3.6 節で述べる高分子膜最外層のダイナミクスと密接に関連している．

SFG では，異なる偏光状態で測定したスペクトルと配向角のシミュレーションとを比較検討することで，界面における官能基の配向状態を議論できる．定量的な解析法は論文に詳述されている[6]．偏光組み合

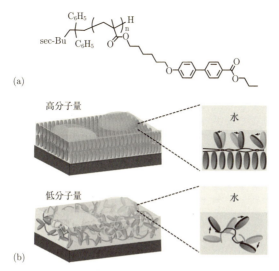

図 2.5 (a) 側鎖型高分子液晶の化学構造,(b) その表面凝集状態の模式図.
出典:T. Hirai, S. Osumi, H. Ogawa, T. Hayakawa, A. Takahara, and K. Tanaka: *Macromolecules* **47**, 4901 (2014).

わせを ssp とした際の PMMA の SFG スペクトルには,エステルメチル基の C-H 対称伸縮振動が強く観測されている.また,界面において全方向の情報が得られる ppp では,その逆対称伸縮振動が観測されている.これらの結果は,疎水基であるエステルメチル基は膜面に対して垂直方向に配向していることを示している.次に,メチレン基の配向について考える.ssp において,メチレン基の対称および逆対称伸縮に起因する SFG ピークが共に観測されたことから,メチレン基は垂直方向から傾いて配向している.実際には,スペクトルの波形分離を行い,各ピーク強度比をシミュレーションの結果と比較することで注目している官能基の配向角を算出できる.α メチル基の C-H 逆対称振動に起因する SFG ピークはエステルメチル基の C-H 逆対称伸縮振由来のピークと重なるため,その配向性を単純には議論できない.この場合,d_3-PMMA および PMMA の SFG スペクトルを比較することで,α メチル基の配向が議論可能となる.SFG を用いれば,PMMA 膜を

水中に浸漬した際の最外層の局所コンフォメーションが室温においてさえも変化する様子も観測できる．環境変化に応答する PMMA 最外層の構造再編成のダイナミクスについても後述する．

側鎖にビフェニル基を有するポリメタクリレートは液晶性を示す．側鎖型高分子液晶の分子量が異なると表面近傍でのコンフォメーションが変化し，濡れ性が異なる例を紹介する．図 **2.5**(a) は用いた試料の化学構造である．図 2.5(b) に示すように，分子量が高い場合には明確なスメクティック A 相が形成されるが，分子量が低い場合には表面近傍の層構造は比較的ランダムになる．この場合には，表面の濡れ性とその環境変化に伴う構造再編成のダイナミクスも異なる[7]．

2.2　結晶構造

結晶性高分子は，結晶領域と非晶領域が混在した複雑な構造を有しており，表面や薄膜中でも例外ではない．これらの解析には視斜角入射 X 線回折（GIXD）法が有効である[8]．GIXD では，表面での X 線の全反射現象を使用する．すなわち，X 線を空気（あるいは真空中）側から試料表面に全反射条件で入射した際，試料界面側で発生するエバネッセント波を利用して回折測定を行う．エバネッセント波については第 5 章で詳述する．検出器を入射面上で走査する場合は out-of-plane 測定，また，回折角を一定にし，検出器を面内で走査する場合を in-plane 測定と呼び，散乱ベクトル q は，それぞれ，膜面に対して垂直および平行となる．したがって，膜面に対して平行および垂直な方向の周期構造が評価できる．回折光強度が強い場合には実験室レベルでの測定も可能であるが，高次の回折ピーク等，強度が弱い場合には大型放射光施設等の利用を検討するのが現実的であろう．

ここでは，代表的な半結晶性高分子のアイソタクチックポリプロピレン（iPP）の表面構造について見てみる．添加物の入っていない iPP 膜はシリコン基板上へ熱キシレン溶液からスピンコートすることで調製しており，厚さは 170 nm である．その後，473 K で溶融し，氷水を用いて 273 K まで急冷している．in-plane GIXD で評価した表面近傍の見かけの結晶化度は 44 % であり，X 線入射角を大きくして測定した場

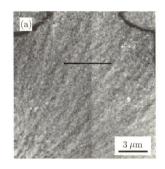 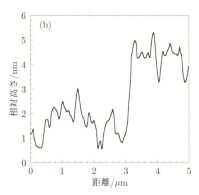

図 2.6 iPP 膜の (a) 表面形態と (b) 形態像中の黒線に沿った高さプロファイル. 形態像中の左側半分はアモルファス層がエッチングされている.

出典:A. Sakai, K. Tanaka, Y. Fujii, T. Nagamura, and T. Kajiyama: *Polymer* **46**, 429 (2005).

合に得られた膜の結晶化度の 51% と比較して小さかった[9]. ここでエバネッセント波の染み込み深さは 10 nm 程度である. 製膜方法の異なる試料においても[10], また, ポリエチレンにおいても同様の結果が報告されている[11]. 図 2.6(a) は iPP 膜の表面形態像, (b) は (a) 中の黒実線部に対応する断面プロファイルである. 膜表面の左側半分には非晶部を溶解させる過マンガン酸カリウム水溶液を一滴のせ, 除去, 洗浄している. (a) の形態像では左半分が暗く, すなわち, 高さが低くなっており, 表面は非晶相が覆っていたことが明らかである. 断面プロファイルより評価した非晶相の厚みは約 3 nm 程度である. また, 表面非晶相ではセグメント運動に起因する表面 α 緩和が観測されるが, 除去した領域では同緩和過程は観測されない. 一方, ポリエチレンテレフタラート (PET) の薄膜では, 表面の分子鎖のみ動ける状況で熱処理を施すと, 膜表面近傍のみを結晶化させることが可能となる[12]. したがって, 結晶性高分子表面の結晶化度は, その内部と比較して, 必ず低下するわけではないことに注意が必要であろう.

2.3 表面濃縮

これまで, 単一の高分子における表面での凝集状態について議論して

きたが，ここでは異種高分子を物理的に複合化した材料，ポリマーブレンドの表面に特徴的な濃縮現象について考える．ブレンド表面には，系の自由エネルギーを最小化させるため，一成分が選択的に濃縮する．平均場理論によると，相溶系の二元ポリマーブレンドの場合，表面過剰量 z^* は次式で与えられる[13]．

$$z^* = \frac{a}{6} \int \frac{d\phi(1-\phi)}{\{\phi(1-\phi)[f_{\mathrm{FH}}(\phi) - f_{\mathrm{FH}}(\phi_\infty) - (\phi - \phi_\infty)\Delta\mu]\}^{1/2}} \tag{2.3}$$

ここで $f_{\mathrm{FH}}(\phi_\infty)$ はバルク中での体積分率 ϕ_∞ における Flory-Huggins の混合自由エネルギーであり，次式で与えられる．

$$\frac{f_{\mathrm{FH}}}{kT} = \frac{\phi_{\mathrm{A}}}{N_{\mathrm{A}}} \ln \phi_{\mathrm{A}} + \frac{\phi_{\mathrm{B}}}{N_{\mathrm{B}}} \ln \phi_{\mathrm{B}} + \chi \phi_{\mathrm{A}} \phi_{\mathrm{B}} \tag{2.4}$$

ここで k はボルツマン定数，T は温度，N_{A} および N_{B} は成分 A，B の重合度，χ は相互作用パラメータである．また，式 (2.3) の ϕ はある深さでの体積分率，a はセグメント長，$\Delta\mu$ は一成分が他の成分の存在する格子を占有する際の化学ポテンシャル変化である．急な濃度勾配は鎖の取りうるコンフォメーション数が制限され，よってエントロピーが減少する．このため，表面組成がバルク値へ収束するまでの距離は分子鎖の空間的広がりより大幅には短くなれない．

図 **2.7** は表面近傍における成分 A の体積分率と深さの関係である．濃度勾配によるエネルギー損失がそれほど大きくない場合，体積分率は分子鎖の広がりと同程度の長さスケールでバルク値に到達する．低表面自由エネルギー成分の z^* は体積分率の表面からの深さ方向の分布 $\phi(z)$ の関数として次式で定義される．

$$z^* = \int [\phi(z) - \phi_\infty] \, dz \tag{2.5}$$

ここで表面近傍における A 成分の組成分布 $\phi_{\mathrm{A}}(z)$ は次式で与えられる．

$$\phi_{\mathrm{A}}(z) = \phi_{\mathrm{A},\infty} + (\phi_{\mathrm{A}}{}^{\mathrm{s}} - \phi_{\mathrm{A},\infty}) \exp\left(-\frac{z}{\xi}\right) \tag{2.6}$$

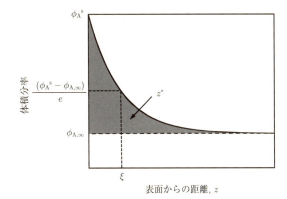

図 2.7 平均場理論によるポリマーブレンド表面近傍の組成分布.
出典：R. A. L. Jones and R. W. Richards: "Polymers at Surfaces and Interfaces", Cambridge Univ. Press (1999). （一部改変）

ϕ_A^s は成分 A の最表面における体積分率である．減衰長 ξ はバルク組成における揺らぎの相関長として次式で与えられる．

$$\xi = \frac{a}{6} \bigg/ \left(\frac{\phi_{A,\infty}}{2N_A} + \frac{1-\phi_{A,\infty}}{2N_B} - \chi\phi_{A,\infty}(1-\phi_{A,\infty}) \right)^{1/2} \quad (2.7)$$

実験的に z^* を求めた例を紹介する．図 **2.8**(a) は X 線光電子分光 (XPS) 測定に基づき評価したポリアクリル酸 2-メトキシエチル (PMEA) / PMMA (50/50 wt/wt) ブレンド膜の表面組成である[14]．横軸は XPS 測定における光電子の放出角 θ_e の sin，縦軸は PMEA の体積分率 ϕ_{PMEA} である．ϕ_{PMEA} は，C_{1s} スペクトルから得られるエーテル炭素由来のピークと中性炭素由来のピーク強度比から算出できる．XPS 測定の分析深さ d は θ_e と次式の関係がある．

$$d = 3\lambda \cdot \sin\theta_e \quad (2.8)$$

ここで λ は固体中での光電子の平均自由行程である．AlK$_\alpha$ 線を用いて θ_e が 90° の場合，C_{1s} の λ は 3 nm 程度なので，分析深さは 10 nm 程度弱となる．したがって，図 2.8(a) の横軸が小さいほど，膜表面に近い情報を得ていることになり，膜表面近傍には PMEA が濃縮してい

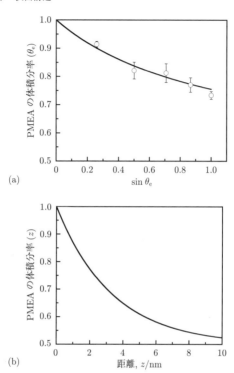

図 2.8　XPS 測定に基づき評価した (PMEA/PMMA)(50/50 wt/wt) ブレンド膜の表面組成．(a) 光電子の放出角と PMEA 分率の関係．(b) 実験結果を再現する（(a) 中の実線）ための組成分布．

出典：T. Hirata, H. Matsuno, M. Tanaka, and K. Tanaka: *Phys. Chem. Chem. Phys.* **13**, 4928 (2011).

ることが明らかである．

　(PMEA/PMMA) ブレンドは下限臨界温度（LCST）型の相図を示し，室温で相溶状態にある．ここで用いた PMEA および PMMA の数平均分子量 (M_n) は 26 k および 85 k であり，それぞれの表面自由エネルギーは 36.7 および 42.2 mJ/m^2 である．XPS 測定において検出できる光電子強度は z とともに指数関数的に減衰する．このため，θ_e で測定した際の一成分の体積分率 $\phi(\theta_e)$ は

$$\phi(\theta_{\mathrm{e}}) = \frac{\int_0^\infty \left[\phi(z) \cdot \exp\left\{-z/(\lambda \cdot \sin\theta_{\mathrm{e}})\right\}\right] dz}{\int_0^\infty \exp\left\{-z/(\lambda \cdot \sin\theta_{\mathrm{e}})\right\} dz} \tag{2.9}$$

となる.図 2.8(a) 中の実線は式 (2.6) の $\phi_{\mathrm{PMEA}}^{\mathrm{s}}$ および ξ をパラメータとして得たベストフィット曲線である.図 2.8(b) は PMEA の組成と実空間の深さの関係を表している.$\phi_{\mathrm{PMEA}}^{\mathrm{s}}$ および ξ は,それぞれ,1 および 3.1 nm であった.

表面には低表面自由エネルギー成分が濃縮するため,一般には,疎水的な成分が濃縮する.しかしながら,高分子材料のさまざまな用途を考えると,親水的な成分の表面濃縮を望む場合も少なくない.ここでは,両親媒性ブロック共重合体において親水性部が空気界面に選択的に濃縮する系について紹介し[15],表面濃縮の制御因子について考えたい.

試料として,室温でゴム状にあるポリ (2-メトキシエチルビニルエーテル) (M) またはポリ (2-エトキシエチルビニルエーテル) (E) を,室温でガラス状にあるポリ (シクロヘキシルビニルエーテル) (C) と組み合わせたブロック共重合体を試料に用いた.それぞれの化学構造は図 **2.9**(a) に示したとおりである [CbM(R = CH$_3$); M_{n} = 62.5 k,分子量分布 ($M_{\mathrm{w}}/M_{\mathrm{n}}, M_{\mathrm{w}}$:重量平均分子量) = 1.06,および CbE(R = C$_2$H$_5$); M_{n} = 59.7 k, $M_{\mathrm{w}}/M_{\mathrm{n}}$ = 1.09].CbM および CbE 中における M または E 成分の体積分率は,それぞれ,29, 28vol.% である.図 2.9(a) は,M または E 成分の体積分率 ϕ_{M} または ϕ_{E} と $\sin\theta_{\mathrm{e}}$ の関係である.ϕ_{M} および ϕ_{E} ともに $\sin\theta_{\mathrm{e}}$ が小さくなるにつれ大きくなったことから,M および E 成分が空気界面近傍に濃縮していると結論できる.ここでは,用いている試料がブロック共重合体であるため,$\phi(z)$ が図 2.9(b) に示すような双曲線関数によって記述できると仮定して実験データの再現を試みている.図 2.9(a) の実線および破線が計算結果であり,実験データをよく再現している.

一般に,親水性成分は表面自由エネルギーが高く表面に濃縮しにくい.扱う高分子が親水性かの判断は繰り返し単位中にエーテル,カルボキシル基や水酸基などが存在するかで考える場合が多い[16].1 章で述べたように,表面自由エネルギーが表面でのギブズエネルギーに対応す

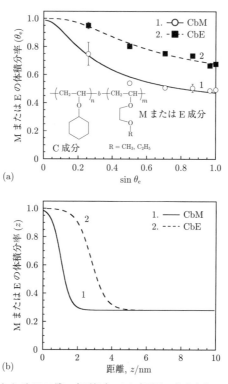

図 2.9 CbM および CbE 膜の表面組成. (a) 光電子の放出角と M または E 分率の関係. 挿入図は CbM および CbE の化学構造である. (b) 実験結果を再現する ((a) 中の実線および破線) ための組成分布.

出典:C. Zhang, Y. Oda, D. Kawaguchi, S. Kanaoka, S. Aoshima, and K. Tanaka: *Chem. Lett.* **44**, 166 (2015).

ると考えると,化学構造に基づく判断はエンタルピー的寄与からの推察であり,式 (1.3) の右辺第 1 項を考えていることに対応する.したがって,右辺第 2 項の表面エントロピーを考え,この効果がエンタルピー的寄与を凌駕できれば,親水的な高分子でも表面自由エネルギーを小さくすることが可能となる.上述の M および E 成分の表面濃縮は,これら成分の分子運動性が高いことによるエントロピー駆動の表面濃縮であるといえる.また,多分岐高分子などの表面濃縮もエントロピー

駆動であることが報告されている[17].濃縮現象は高分子材料の表面を機能化する手法の一つとして多くの系でさまざまな検討がなされている[18~21].

2.4 原子間力顕微鏡による表面凝集構造解析

前節で学んだ表面濃縮現象にも関係して,表面ではバルクと異なる表面凝集構造が形成される可能性がある.そのような凝集構造を解析するための最も簡便なツールが原子間力顕微鏡(AFM)である[22]. AFM は走査プローブ顕微鏡(SPM)ファミリーの一つで,ナノメートルオーダーの曲率半径をもつ鋭い探針を試料表面の凹凸に沿って走査させるという,レンズを使わない顕微鏡である.この探針は長さ 100 μm 程度のカンチレバー(片持ち梁,いわゆる板バネ)の先端に取り付けられており,試料との間に働くさまざまな相互作用力をカンチレバーの反りとして検出する.カンチレバーのバネ定数が 1 N/m 程度のオーダーであり,反り量の検出感度が 0.1 nm 程度であるため,ピコニュートン,ナノニュートンレベルの非常に高感度な力計測ができる.AFM はその名のとおり,試料と探針の間に働くファンデルワールス力などの原子間力を検出しながら表面を走査し,試料の凹凸画像を取得するのを基本とするが,相互作用力は必ずしも原子間力に限ったものではなく,AFM の亜種である磁気力顕微鏡(MFM)では磁気力を,ケルビンプローブフォース顕微鏡(KPFM)は静電引力をプローブにして,表面の磁気力分布や静電ポテンシャル分布を画像化できる.当然のことながら空間分解能はその相互作用力の種類に依存し,AFM ならばナノメートルの空間分解能を容易に達成できる.

通常の画像取得モードでは主に 2 つの走査モードが存在する.カンチレバーの反り量を一定に保つフィードバック制御を行いながら探針を試料表面上で走査させるのがコンタクトモードである.AFM 開発当初に採用されたこのモードは特殊用途を除き,現在ではほとんど利用されていない.一方,カンチレバーをその共振周波数近傍で振動させ,表面を叩きながら走査する間欠接触モード(タッピングモード)では,コンタクトモードでは避けることのできない試料ダメージを低減できる.さ

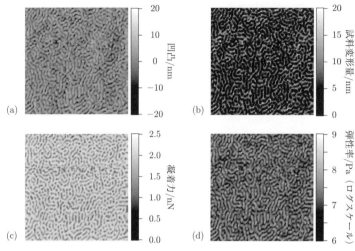

図 2.10 SEBS のフォースマッピングモード AFM 画像. 走査範囲は $1.0\,\mu m$. (a) 見かけの凹凸像, (b) 試料変形量像, (c) 凝着力像, (d) 弾性率像 (ログスケール).

らに励振振動と相互作用によって変化するカンチレバー先端の振動の間の位相差を画像化する位相イメージングという手法があり,現状で最もポピュラーな測定モードとなっている.本節ではタッピングモードを用いた表面構造の解析事例とフォースマッピングと呼ばれるさらに特殊な手法による解析事例を紹介する.

図 2.10 を見てみる.スチレン—エチレンブチレン—スチレンブロックコポリマー(SEBS)のフォースマッピングモードによるミクロ相分離構造である[23].フォースマッピングモードの詳細は 3 章で改めて解説するが,図 2.10(a) の凹凸像の他にさまざまな量を画像化できるのが特徴である.$0.4\,\mathrm{mg/mL}$ に調製した SEBS のトルエン溶液を用意し,清浄なガラス基板上にスピンコートすることでおおよそ $10\,\mu m$ の膜厚のフィルム試料を用意した.スピンコートの後,ドラフトチャンバー中で 1 日自然乾燥,引き続き 3 日間室温で真空乾燥させ,残留溶媒を除去した.このような試料作製法ではいわゆる表面濃縮層が生じる可能性がある[24].ここでの問題はそれを AFM 画像から議論できるかとい

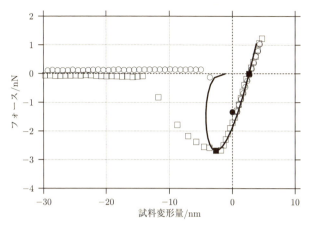

図 2.11 SEBS 上のフォースディスタンスカーブ．○が押し込み時のカーブで，□が引き離し時のカーブ．実線は弾性接触を仮定した理論カーブ．

う点である．まずいえることは，図 2.10(a) から (d) の画像はすべてコントラストが異なるということで，どの画像で帰属を行うのが正解だろうか．実は，このフォースマッピングでは図 **2.11** に示したようなフォースディスタンスカーブと呼ばれるデータがすべてのピクセルデータに付随している．試料上の一点一点で AFM 探針を試料に押し込み，試料変形量とそのときに探針が感じている相互作用力をデータ収録している．図 2.10(b) の試料変形量像は，測定時の設定値である最大押し込み力が 1.2 nN になったときの試料変形量（図 2.11 では 4.7 nm）を画像化している．この値は当然ながら場所によって異なる．軟らかいエチレンブチレン相では試料変形量は大きいだろうし，硬いスチレン相では，PS そのものはこの程度の押し込み力では観測可能な試料変形量にはならないだろう．もちろん現実的には周囲のエチレンブチレン相もある程度同時に押し込んでいるから，スチレン相の直上でも試料変形量はゼロではないことに注意が必要である．重要なことは，このフォースマッピングに限らず，コンタクトモードおよびタッピングモードでも，AFM では相互作用力を一定にするようにフィードバック制御を行うのが基本となっているということである．このとき，負荷が十分に小さい

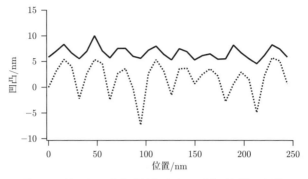

図 **2.12** 見かけの凹凸像（破線）と真の凹凸像（実線）の比較.

か試料の弾性率が十分に高い場合は，試料に変形が生じないため，試料の凹凸構造を正確に再現できるが，試料の弾性率が相対的に小さい場合はナノニュートンといったわずかな力でも試料変形が生じ，試料の凹凸構造は正しく再現されないことになる．したがって，その影響を受けたものとして凹凸像を解釈せねばならない．実際，各点での試料変形量がこのモードではわかるので（コンタクトモードやタッピングモードでは困難），図 2.10(a) の見かけの凹凸像に (b) の試料変形量で補正をかけることによって，真の凹凸像を再現できる[25]．図 **2.12** はその結果の一部で，画像上のある部分の断面を示している．破線の見かけの凹凸像ではエチレンブチレン相が軟らかいため，大きく凹まされて谷になっていることがわかる．再構成された真の凹凸像ではラフネスは大きく減少する．場合によっては凹凸のコントラストが逆転するような場合もあることがわかっている．

したがって，見かけの凹凸像をもとに濃縮相を議論するのは大変難しい．同様に複雑な相構造の結果として現れる (d) の弾性率像もこの目的には合わないかもしれない．弾性率像の取得方法については 3 章に解説を廻すが，図 2.11 のカーブに重ねられた理論曲線からその点の弾性率値を求めることができる．おそらく最も適した画像は図 2.10(c) の凝着力像だと思われる．この図は図 2.11 のカーブで，カンチレバーが試料からの引力を感じて試料表面にジャンプインするときの力（図中●の

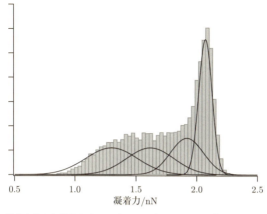

図 2.13 凝着力像から得られたヒストグラムとそのマルチピークフィッティング結果.

力の絶対値) で画像化したものである.接触前なので試料に大きな変形を加えておらず,試料最表面の化学的組成を強く反映しうる画像となっている.図 2.13 に図 2.10(c) から得られるヒストグラムを示す.ピーク分離は必ずしも簡単でなかったが,1.3 nN 付近にピークをもつ成分のみがスチレン相に相当するピークであることがわかっており,面積比は 24:76 であった.実はこの SEBS はスチレン量が 29% とわかっている試料であり,24% の面積というのはそれほど悪い値ではない.あるいは,ある程度エチレンブチレン相が表面濃縮しているのかもしれないが,XPS の結果からはこの試料では表面濃縮がないこともわかっていた.試料調製時の熱アニールの有無などによって,濃縮相の存在の仕方は大きく異なる.ここで示したような手法によって,その効果が調べられるということを覚えておきたい.

タッピングモードの位相イメージングは古くから市販 AFM 装置にも搭載されているモードであるために利用者も多いが,同時に像解釈が難しいモードである.材料の「硬さ」の違いを画像化していると解釈しているケースがほとんどであるが,正確には位相変化の支配要因がエネルギー散逸であることを理解すべきである.カンチレバーの振動状態解析にはその幾何構造を正しく反映させた正確な解析が必要な場合もある

が，本書では原理の説明にとどめるという観点から，カンチレバーをバネ—質点系とみなし，強制振動下にある減衰調和振動子として以後の議論を進める．カンチレバー先端の探針が試料と相互作用していない場合のカンチレバーの運動方程式は次のように書ける[26]．

$$m\frac{d^2z}{dt^2} + \gamma\frac{dz}{dt} + kz = mA_d\omega^2\cos\omega t \tag{2.10}$$

左辺は順に慣性項，減衰項，復元力項を表す．z がカンチレバーの変位で時間 t に対する微分方程式となっている．m が有効質量，γ が粘性係数，k がカンチレバーのバネ定数である．右辺は振幅 A_d，角周波数 ω ($= 2\pi f$ とすると f は周波数) でカンチレバー背面に設置された励振用ピエゾアクチュエータを加振させたときの強制振動項である．カンチレバーが振動するとき，その物体内部では内部摩擦が生じる．振動するカンチレバーと媒質（大気中であったり水中であったりする）との間にも摩擦がある．これらの摩擦によって生じる粘性損失を表現しているのが γ である．この減衰項と右辺の強制振動項がない単純な運動方程式はよく知られた単振動の解をもち，単振動の角周波数を ω_0 とすると $k = m\omega_0{}^2$ が成立する．また γ はカンチレバーの共振周波数を特定する中で実験的に求まる Q 値を使って，$\gamma = m\omega_0/Q$ と記述することもできる．式 (2.10) を解くと，$\omega \sim \omega_0$ の場合には，

$$z(t) = A\left(1 - e^{-\frac{\omega_0}{2Q}t}\right)\cos(\omega t - \phi) \tag{2.11}$$

となる．ここで

$$A = \frac{A_d\omega_0^2}{\sqrt{(\omega_0^2 - \omega^2)^2 + (\omega_0\omega/Q)^2}} \sim QA_d \tag{2.12}$$

$$\tan\phi = \frac{\omega_0\omega}{Q(\omega_0^2 - \omega^2)} \sim \frac{\pi}{2} \tag{2.13}$$

である．振幅 A は共振周波数付近で極大値 $A_0 = QA_d$ を示す釣鐘型のカーブを描く．一方，ϕ がここで議論したい位相であり，カンチレバーが自由に振動している場合には，その値が $\pi/2$ となることに注意したい．

カンチレバー先端に取り付けられた探針が試料と相互作用を始めると振幅 A は減少する.位相 ϕ も変化する.この変化を画像としたのが位相像である.位相像を正しく解釈するために,単振動の式に付加された式 (2.10) の減衰項(エネルギー散逸項 E_{tip})と強制振動項(エネルギー注入項 E_{ext})は定常状態では互いに釣り合い,エネルギーの収支がバランスしているということを理解しよう.減衰項だけでは振幅 A は時間的に減衰していくし,強制振動項だけでは時間的に増大していく.それぞれの項を振動の1周期で積分したエネルギーの差は,

$$E_{\text{dis}} = E_{\text{ext}} - E_{\text{tip}} = \frac{\pi k}{Q} A_0 A \left(\sin\phi - \frac{\omega}{\omega_0} \frac{A}{A_0} \right) \tag{2.14}$$

とかける.ここで A は試料をタップしているときの振幅として改めて定義している.$\omega \sim \omega_0$ でカンチレバーが自由に振動しているときは $A \sim A_0$,$\phi \sim \pi/2$ であるので E_{dis} は 0 である.しかし試料表面を叩いているときには新たなエネルギー散逸のパスが生じるため E_{ext} と E_{tip} の間に差異 E_{dis} が生じる.通常,タッピングモードでは ω と A を固定して測定するため,E_{dis} の主な寄与は $\sin\phi$ に現れる.位相変化の支配要因がエネルギー散逸であると先に述べた所以である.式 (2.14) に従って,位相像をエネルギー散逸像に変換することは容易である.

さらにエネルギー散逸の詳細を議論することが可能である.AFM の場合には主に2つの寄与が考えられる.一つは AFM 探針を押し込んで試料変形 δ が誘起される際に生じる試料の粘性 η によるエネルギー散逸,もう一つは間欠的に探針が接触する際に生じる凝着エネルギー w によるエネルギー散逸であり,それぞれ以下の式のように書けることが知られている[27].

$$E_{\text{dis}}^{\text{visco}} = \frac{\sqrt{2}}{4} \pi R^{\frac{1}{2}} A^{\frac{1}{2}} \omega \eta \delta^2 \tag{2.15}$$

$$E_{\text{dis}}^{\text{adhesion}} = 4\pi R w \delta^2 \tag{2.16}$$

ここで R は探針先端の曲率半径である.式 (2.15) と (2.16) では R の依存性が異なる.R が大きい探針では凝着エネルギー w の違いが画像のコントラストの支配要因になり,R が小さければ相対的に試料の粘

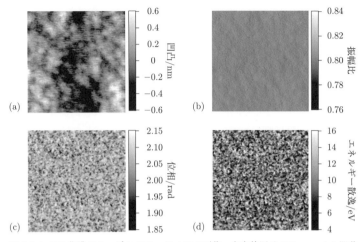

図 2.14 PS 薄膜のタッピングモード AFM 画像.走査範囲は 200 nm.(a) 凹凸像,(b) 振幅比像,(c) 位相像,(d) エネルギー散逸像.

性 η を取得できることになる.

これまで述べてきたことを実例をもって示そう.$R = 1$ nm という鋭さをもった探針で厚さ 200 nm の PS 薄膜の粘性分布を画像化した事例である[28].PS 薄膜はその学問的興味から学術研究に供されることの多い試料であるが,AFM タッピングモードで観察すると図 2.14 のような結果が得られる.カンチレバーのバネ定数 $k = 4.95$ N/m,$f_0 = 276$ kHz,$Q = 228$ はすべて実測値で,測定周波数は共振周波数に一致させた.図 2.14(a) の凹凸像には興味深い粒状構造が示されたが,表面粗さ R_q は 0.223 nm と非常に小さい.この構造の相関長 ξ_H は次式の相関関数 $H(r)$ で計算され,$\xi_H = 5.8$ nm であった(図 2.15 参照).

$$H(r) = 2\sigma^2 \left[1 - \exp\left\{-(r/\xi_H)^{2\alpha}\right\}\right] \tag{2.17}$$

ここで r は 2 点間距離,σ は表面ラフネス,α はハースト指数である.

図 2.14(b) はフィードバック制御に用いる振幅比の画像である.カンチレバーの自由振動振幅 A_0 は 18.5 nm で,振幅比が 0.8 になるように実験条件を設定した.制御が完全であれば画像にはコントラスト

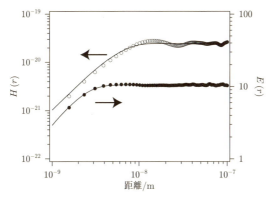

図 2.15 相関関数解析の結果(図 2.14(a): $H(r)$, 図 2.14(d): $E(r)$).

は現れないが,(b) のようにわずかではあるもののコントラストが現れる.図 2.14(c) は位相像で,ラジアン単位でどの部分も $\pi/2$ より大きい.何かしらのエネルギー散逸が生じている結果である.式 (2.14) にすべての値を代入して得たのが図 2.14(d) のエネルギー散逸像である.単位は電子ボルトにしてある.この図の相関長は式 (2.17) と同様の解析を行い,$\xi_E = 2.0$ nm であることがわかった.ここで注意を喚起しておくと,位相像は凹凸のアーティファクトを受けやすいことも覚えておきたい.この事例では凹凸構造の表面粗さは十分小さく,さらにその空間スケールは図 2.15 からもわかるとおり,位相像のコントラストと全く異なる.したがって,この場合は凹凸のアーティファクトではない真の意味での位相が画像化されているといえる.実際,曲率半径の大きな探針で同様の観察を行うと,$\xi_H \sim \xi_E$ となることが多い[29].そのような場合に位相像に意味を付与することは無意味である.

ところで,数百 kHz で振動し,μs オーダーで間欠的に接触する探針と試料の相互作用を,先に示したフォースマッピングのときのように力と試料変形量の関係という形式でデータ収録することは,現状の技術ではなかなか困難である.そのため振幅や位相というパラメータをロックイン検波方式でデータ収録することになる.したがって相互作用力を絶対値で示すことはタッピングモードの場合には容易ではない.しかしな

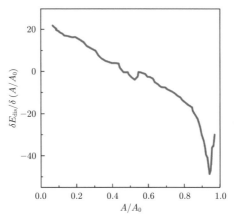

図 2.16 PS 薄膜のタッピングモード AFM で粘性相互作用を検出している根拠.

がら,次式に示す平均タッピング力 F を算出することは,実験条件の設定をより確証をもって行うために是非とも推奨される.

$$F = kA_0 \frac{1-(A/A_0)^2}{2Q(A/A_0)} \tag{2.18}$$

この実験では $F = 89$ pN であり,Hertz 接触を仮定した場合の接触圧は 28.4 MPa と計算された.この値は PS バルク試料の降伏応力 ($\sim$ 40 MPa) より低く,弾性域で実験ができているということになる.この式に基づき,振幅比 A/A_0 を変化させていくと平均タッピング力が変化していく.それに応じて粘性散逸の程度も変化していく.その様子を示したのが図 2.16 で,各振幅比での E_{dis} の微分値がプロットされている.図に示されたような単調減少する振る舞いは,凝着力支配の場合には観察されず,ここで観察している現象が「粘性」であることを傍証している.粘性であることの傍証は別の方法からも確認できた[30].同じ場所を何度も走査すると,数百秒の単位で画像が少しずつ変化していく.その様子を図 2.17 に示すが,大枠としては同じ構造にもかかわらず(凹凸像には大きな変化がない),位相像には細かな変化が随所に見られる.より正確には画像相関解析を行って結果を出したのであ

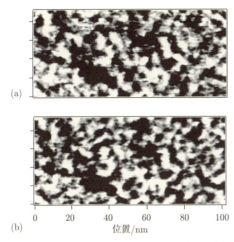

図 **2.17** PS 薄膜上の同一箇所を連続して測定した位相像.

るが,得られた数百秒という相関時間は,金ナノ粒子が表面に潜っていく時間変化を追跡したユニークな実験でも報告されている[31]. この試料は溶液からスピンコート法によって製膜されたもの(厚み約100 nm)であるが,溶媒除去のためのアニール条件(真空乾燥器内 383 K で最低 24 時間)を緩く設定(真空乾燥器内 308 K で 12 時間程度)して,溶媒を少し含んだ可塑化した状態で同様の観察を行うと,より多くの変化がより短時間で観測されることも確認されている. ここで観測されている不均一構造は,おそらくは自由体積の不均一構造として解釈されうるものだと思われる.

そもそもエネルギー散逸像に見られた 2.0 nm の相関長をもつ不均一構造サイズは,T_g 付近のバルク PS の Adam-Gibbs 理論に基づく協同的再配置領域(CRR)として報告されている 2〜4 nm という値に近い[32]. CRR はガラス状高分子の鎖のセグメント運動の不均一な時空間パターンであるが,それが室温での AFM 測定で観察されたことは興味深い. それにはまず表面という舞台でこの材料が示す,3 章で解説する T_g の低下,それは室温以下にも達しうるが,その効果とタッピングモード AFM のタッピング周波数が 100 kHz のオーダーであり,

温度時間換算則的に実際の測定温度よりも低温の状態を観察しているという複数の案件に絡んでおり,結論は急がない方が良い.粘度という物理量で高分解能イメージングができるようになれば,より強い証拠を与えるだろうと期待できる.実際,式 (2.15) と等価の次式

$$F_{\mathrm{visco}} = \eta\sqrt{R\delta}\frac{d\delta}{dt} \tag{2.19}$$

を利用できるのではないかと思われる[33].タッピングモードの実験条件を代入すると $\eta \sim 10^4$ Pa s という見積もりが得られる.ガラス化する境界といわれている 10^6 Pa s よりは2桁低く,ここでの議論と矛盾しない.

次章では AFM でいかに粘弾性相互作用を検出するかという問題に再び触れる.

参考文献

1) A. Silberberg: *J. Colloid Interface Sci.* **90**, 861 (1982).
2) Y. R. Shen: *Nature* **337**, 519 (1989).
3) H. Tsuruta, Y. Fujii, N. Kai, H. Kataoka, T. Ishizone, M. Doi, H. Morita, and K. Tanaka: *Macromolecules* **45**, 4643 (2012).
4) K. S. Gautam, A. D. Schwab, A. Dhinojwala, D. Zhang, S. M. Dougal, and M. S. Yeganeh: *Phys. Rev. Lett.* **85**, 3854 (2000).
5) Y. Tateishi, N. Kai, H. Noguchi, K. Uosaki, T. Nagamura, and K. Tanaka: *Polym. Chem.* **1**, 303 (2010).
6) C. Hirose, N. Akamatsu, and K. Domen: *Appl. Spectrosc.* **46**, 1051 (1992).
7) T. Hirai, S. Osumi, H. Ogawa, T. Hayakawa, A. Takahara, and K. Tanaka: *Macromolecules* **47**, 4901 (2014).
8) T. P. Russell: *Mater. Sci. Rep.* **5**, 171 (1990).
9) A. Sakai, K. Tanaka, Y. Fujii, T. Nagamura, and T. Kajiyama: *Polymer* **46**, 429 (2005).
10) T. Nishino, T. Matsumoto, and K. Nakamae: *Polym. Eng. Sci.* **40**, 336 (2000).
11) H. Yakabe, S. Sasaki, O. Sakata, A. Takahara, and T. Kajiyama: *Macromolecules* **36**, 5905 (2003).
12) B. Zuo, Y. Liu, Y. Liang, D. Kawaguchi, K. Tanaka, and X. Wang: *Macromolecules* **50**, 2061 (2017).
13) R. A. L. Jones and R. W. Richards: "Polymers at Surfaces and

Interfaces", Cambridge Univ. Press (1999).
14) T. Hirata, H. Matsuno, M. Tanaka, and K. Tanaka: *Phys. Chem. Chem. Phys.* **13**, 4928 (2011).
15) C. Zhang, Y. Oda, D. Kawaguchi, S. Kanaoka, S. Aoshima, and K. Tanaka: *Chem. Lett.* **44**, 166 (2015).
16) D. W. van Krevelen and K. te Nijenhuis: "Properties of Polymers, 4th ed.", Elsevier Science (2009).
17) A. Yethiraj: *Phys. Rev. Lett.* **74**, 2018, (1995).
18) T. Ishizone, S. Han, M. Hagiwara, and H. Yokoyama: *Macromolecules* **39**, 962 (2006).
19) Fukuhara, K. Fukuhara,Y. Fujii, Y. Nagashima, M. Hara, S. Nagano, and T. Seki: *Angew. Chem. Int. Ed.* **52**, 5988 (2013).
20) K. Tokuda, M. Kawasaki, M. Kotera, and T. Nishino: *Langmuir* **31**, 209 (2015).
21) Y. Oda, C. Zhang, D. Kawaguchi, H. Matsuno, S. Kanaoka, S. Aoshima, and K. Tanaka: *Adv. Mater. Interfaces* **3**, 1600034 (2016).
22) G. Binnig, C. F. Quate, Ch. Gerber, and E. Weibel: *Phys. Rev. Lett.* **56**, 930 (1986).
23) 中嶋健, 藤波想, 伊藤万喜子, 王東：接着の技術 **32**, 41 (2012).
24) A. Knoll, R. Magerle, and G. J. Krausch: *Chem. Phys.* **120**, 1105 (2004).
25) D. Wang, S. Fujinami, K. Nakajima, and T. Nishi: *Macromolecules* **43**, 3169 (2010).
26) K. Nakajima, D. Wang, and T. Nishi: "Characterization Techniques for Polymer Nanocomposites" (Vikas Mittal ed.), pp.185-228, Wiley (2012).
27) S. Santos, C. A. Amadei, A. Verdaguer, and M. Chiesa: *J. Phys. Chem. C* **117**, 10615 (2013).
28) D. Wang, Y. Liu, T. Nishi, and Ken Nakajima: *Appl. Phys. Lett.* **100**, 251905 (2012).
29) K. Nakajima, H. K. Nguyen, and D. Wang: *AIP Conf. Proc.* **1518**, 470 (2013).
30) H. K. Nguyen, D. Wang, T. P. Russell, and K. Nakajima: *Soft Matter* **11**, 1425 (2015).
31) M. D. Ediger and J. A. Forrest: *Macromolecules* **47**, 471 (2014).
32) G. Adams and J. H. Gibbs: *J. Chem. Phys.* **43**, 139 (1965).
33) C. J. Gómez and R. Garcia: *Ultramicroscopy* **110**, 626 (2010).

第 3 章

表面物性

3.1 弾性率

2 章でも紹介した AFM は,局所的な表面弾性率を求める手段として用いることもできる.本節ではその原理について説明する.

AFM のカンチレバーは通常 $0.1\,\mathrm{N/m}$ から $10\,\mathrm{N/m}$ 程度のバネ定数 k をもつ.カンチレバーの反り量を D とすればフックの法則により

$$F = kD \tag{3.1}$$

で試料に印加される力 F を算出できる.たとえば,$k = 1.0\,\mathrm{N/m}$ で $D = 3.0\,\mathrm{nm}$ なら $F = 3.0\,\mathrm{nN}$ である.ナノニュートンというと,いかにも小さな値であるが,半径 $a = 1.0\,\mathrm{nm}$ の円柱型プローブで力を加えているなら接触面積も非常に小さく $3.14\,\mathrm{nm}^2$ であるので,応力が $p = F/\pi a^2 = 0.96\,\mathrm{GPa}$ という値になることに注意したい.この応力はほとんどのプラスチックの降伏応力を上回っており,試料には不可逆な塑性変形が生じる.

F の値をもっと小さく抑え,弾性域で実験ができているとしよう.その場合には接触力学の帰結が利用できる.ナノメートルスケールでの接触が連続体力学の延長線上にある接触力学で果たして正しく議論できるのかどうかという本質的な問題は,まだ学術的にも議論の余地があるところではあるが,本書で紹介するようなレベルの議論では,まだ接触力学で議論してよいものと考えていただきたい.接触力学の最も簡単なモデルは,接触に際して試料と探針の間の弾性反発力しか考えない Hertz モデルがある.図 **3.1** のような球状の探針(半径 R)が試

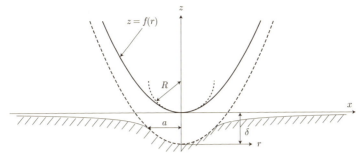

図 **3.1** 軸対称型探針と弾性体表面の接触.

料に押し込まれ,試料を δ だけ変形させたとき,δ が大きくなるほど接触半径 a も大きくなる点が円柱型プローブとは異なっているが,F と δ と a の間には次式に示す簡単な関係が成り立つことが示されている[1].

$$a = \left(\frac{RF}{K}\right)^{1/3} \tag{3.2}$$

$$\delta = \frac{a^2}{R} \tag{3.3}$$

ここで K は弾性定数と呼ばれ,試料のヤング率 E とポアソン比 ν を用いて

$$K = \frac{4}{3}\left(\frac{E}{1-\nu^2}\right) \tag{3.4}$$

と表される.式 (3.2) と (3.3) から AFM では実際には観測できない接触半径 a を消去すると

$$F = kD = KR^{1/2}\delta^{3/2} \tag{3.5}$$

という関係も得られる.最も多用されている式だろう.ところで Hertz 理論によれば接触領域の接触圧は軸対称探針の対称軸からの距離を r として,

$$p(r) = \frac{3F}{2\pi a^2}\sqrt{1-\frac{r^2}{a^2}} \tag{3.6}$$

と書けることがわかっている.探針先端 ($r = 0$) では平均応力 ($F/\pi a^2$) の 1.5 倍の応力がかかることに注意したい.

負荷 F がマイクロニュートンやミリニュートンのレベルに達するナノインデンター(圧子のサイズも大きくなるので応力が桁違いに異なるわけではない)では無視できるが,AFM をインデンターのように利用する場合に無視できない効果として凝着相互作用がある.図 **3.2**(a) のレナード・ジョーンズ型相互作用では,$z = z_0$(平衡原子間距離,$p(z_0) = 0$)を起点に 2 物体を無限遠まで引き離すのに必要なエネルギーとして凝着エネルギー(付着仕事)w が次のように定義される.

$$w = \int_{z_0}^{\infty} p(z) dz \tag{3.7}$$

図 3.2(b) での Hertz モデルは,その効果を全く無視しているということが図からも理解できる.図 3.2(c) の Derjaguin-Muller-Toporov(DMT)理論[2] ではレナード・ジョーンズ型相互作用について非接触状態での引力相互作用としてこの効果が取り込まれる.図 3.1 のように探針が一部試料と接触していても,外縁部には非接触領域が存在することに注意したい.この理論では接触領域での弾性復元力は Hertz 接触を仮定しているため,式 (3.3) はそのまま利用されるが,凝着相互作用の結果として式 (3.2) が変更を受け,

$$a = \left[\frac{R}{K}(F - F_c)\right]^{1/3} \tag{3.8}$$

となる.F_c は引き抜き力あるいは最大凝着力と呼ばれ,凝着エネルギー w を用いて,

$$F_c = -2\pi w R \tag{3.9}$$

と書ける.DMT 理論では $F = F_c$ が実現するとき $a = \delta = 0$ であり,それは探針が試料に点接触したときということになる.

図 3.2(d) に示した Johnson-Kendall-Roberts(JKR)理論[3] では,接触面で働く凝着エネルギーと貯蔵弾性エネルギーとの釣り合いから理論が組み立てられる.図 3.1 の接触面内での凝着相互作用を考慮してい

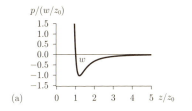
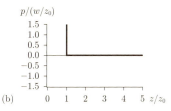
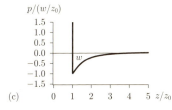
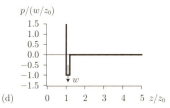
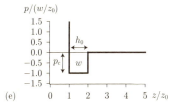

図 **3.2** 単位面積あたりの相互作用力. (a) レナード・ジョーンズ型, (b) Hertz 理論, (c) DMT 理論, (d) JKR 理論, (e) MD 理論.

るということである. 結果として得られる式は少し複雑で,

$$a = \left(\frac{R}{K}\right)^{1/3} (\sqrt{F - F_c} + \sqrt{-F_c})^{2/3} \tag{3.10}$$

$$\delta = \frac{a^2}{R} - \frac{4}{3}\sqrt{\frac{a(-F_c)}{KR}} \tag{3.11}$$

$$F_c = -\frac{3}{2}\pi w R \tag{3.12}$$

となる. JKR 理論では接触面積の変化に伴い, 凝着相互作用が変化するためこのような複雑な式になる. 興味深いのは, たとえ $F = F_c$ でも

a や δ はゼロではないということである.実際,そのときの値は,

$$a_1 = \left(\frac{3\pi w R^2}{2K}\right)^{1/3} \tag{3.13}$$

$$\delta_1 = -\left(\frac{\pi^2 w^2 R}{12K^2}\right)^{1/3} \tag{3.14}$$

となる.カンチレバーが最大の凝着力 F_c を感じているとき,接触面積は未だ有限で,δ が負,すなわち試料を引っ張り上げている状況を想定せねばならない.なお JKR 理論では遠距離引力を考慮に入れないため,接触がおきるまでカンチレバーが力を感じないということになる.そのこともあって JKR 理論を用いる際は,一旦接触した後の引き離し過程のフォースディスタンスカーブを解析対象とするのが通例である.

実際には DMT 理論や JKR 理論のように接触面の外側だけ,あるいは内側だけに引力が働くということはないので,これらの理論はあくまでも凝着相互作用をモデル的に取り込んだものととらえるべきである.実際,これら 2 つの理論をその極限として包含した Maugis-Dugdale (MD) 理論[4]がある.相互作用としては図 3.2(e) のように $w = p_c h_0$ とする深さ p_c の井戸型ポテンシャルを考えることになる.ただし,この理論には実際には実験で決めるしかないフィッティングパラメータが含まれるなどの難点があり,具体的に利用されるケースは少ない.MD 理論を簡略化した Carpick-Ogletree-Salmeron (COS) 理論[5]なども提唱されている.COS 理論では

$$F_c = n\pi w R \left(-2 < n < -\frac{3}{2}\right) \tag{3.15}$$

$$a = a_0 \left(\frac{\alpha + \sqrt{1 - F/F_c}}{1 + \alpha}\right)^{2/3} \tag{3.16}$$

と書け,n と α をフィッティングパラメータとして含むことになる.ここで a_0 は JKR 理論で $F = 0$ となったときの a の値で,

$$a_0 = \left(\frac{6\pi w R^2}{K}\right)^{1/3} \tag{3.17}$$

である．またそのときの試料変形量 δ は

$$\delta_0 = \left(\frac{4\pi^2 w^2 R}{3K^2}\right)^{1/3} \tag{3.18}$$

である．JKR 理論はその複雑な式の故に式 (3.5) のように a をあらわに含まない式を用いてフォースディスタンスカーブ（F—δ 関係）のフィッティングに用いることが困難である．しかし，式 (3.14) と (3.18) および式 (3.12) から

$$K = \left(\frac{1+16^{1/3}}{3}\right)^{3/2} \frac{-F_c}{\sqrt{(\delta_0-\delta_1)^3 R}} \simeq \frac{-1.27 F_c}{\sqrt{(\delta_0-\delta_1)^3 R}} \tag{3.19}$$

として，カンチレバーにかかる力が $F = 0$ となる点，最大凝着力に等しく $F = F_c$ となる点の 2 点の情報から弾性定数 K を求めることができる[6]．

次式に示す Tabor パラメータ[7]を理解しておくと，どの理論を用いるべきかの指針もたつ．

$$\mu = \left(\frac{16 R w^2}{9 K^2 z_0{}^3}\right)^{1/3} \tag{3.20}$$

次節で実例をもって示すが，$\mu < 0.1$ なら DMT 理論，$\mu > 5$ なら JKR 理論の適用範囲であることがわかっている．

3.2　フォースディスタンスカーブ解析と弾性率マッピング

前節で説明したフォースディスタンスカーブの実例を図 **3.3** に示す．測定は低密度ポリエチレン（LDPE）のバルク試料をウルトラミクロトームで面出しして得た表面である．カンチレバーの特性値であるバネ定数 $k = 1.51$ N/m と探針曲率半径 $R = 17.7$ nm はそれぞれ実測値である．図 3.3(a) のカーブは AFM 測定から直接得られるカーブで，フ

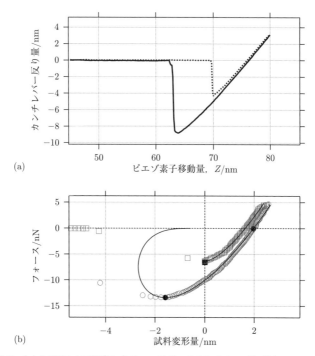

図 3.3 (a) LDPE 上で測定したフォースディスタンスカーブと (b) フォース―試料変形量曲線.

ォースディスタンスカーブと呼ばれる．通常，このカーブはマイカやサファイアなどの硬い平滑な面の上で測定され，カンチレバーの反り量 D の校正に利用される．探針と試料表面の間の距離制御を行うピエゾ素子の移動量 Z は接触後に線形の関係になるので，たとえば，10 nm だけ Z が増加すると D も同じだけ増加するということから校正を行う．一方，試料が変形してしまう実サンプルの場合にはこの線形関係が崩れる．たとえば，10 nm だけピエゾ素子が移動しても反り量が 7 nm しか増加しなかったとすると，差分の 3 nm は試料の変形量ということになる．式で表すと，

$$\delta = (Z - Z_0) - (D - D_0) \tag{3.21}$$

となる．(Z_0, D_0) は接触原点で図 3.3 では (70 nm, −4.3 nm) である．この関係と式 (3.1) を利用し，試料にかかった力 F と試料変形量 δ のカーブとして変換したのが図 3.3(b) である．接触力学の各表式はこのカーブに対して適用される．

図 3.3(a) の破線が試料に探針が押し込まれていくときのカーブで，対応する図 3.3(b) の曲線は□で表されるカーブである．■が接触原点で試料変形量がゼロ，この点で式 (3.9) の最大凝着力が実現する．DMT 理論で記述できそうなカーブということである．式 (3.3) と (3.8) から a を消去すると

$$F = \frac{4E}{3(1-\nu^2)} R^{1/2} \delta^{3/2} + F_c \tag{3.22}$$

が得られる．この DMT 理論曲線によるフィッティングは良好で，結果として $E = 458\,\mathrm{MPa}$ という弾性率値が算出される．この場合は一つのフォースディスタンスカーブに対して一つの弾性率値 E が対応することになる．式 (3.22) を変形し，

$$E = \frac{3(1-\nu^2)(F - F_c)}{4R^{1/2}\delta^{3/2}} \tag{3.23}$$

として δ に対する E の変化としてグラフ化することも可能である．図 **3.4** に示したのがその結果で，0.8 nm 以上の δ では弾性率値に変化がないことがわかる．それ未満の弾性率の見かけ上の上昇はインデンターなどと同じで，探針の形状関数補正が必要な領域であり，値そのものには信頼性は置けない．次節で例示するように式 (3.23) を利用して弾性率の深さ依存性から表面近傍の分子鎖熱運動性を議論することもできる．

図 3.3 に戻って (a) の実線および (b) の〇は引き離し過程のカーブである．前節で導入した JKR 2 点法[8]（図中の●）に基づき，式 (3.12) と (3.19) から弾性率 $E = 380\,\mathrm{MPa}$ と凝着エネルギー $w = 160\,\mathrm{mJ/m^2}$ が求まる．さらにこれらの値から式 (3.10) と (3.11) に基づき，JKR 理論曲線を再構成できる．こちらも実験データとの一致の程度は高い．

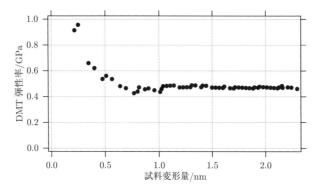

図 **3.4** LDPE 上の弾性率の深さ依存性.

それでは DMT, JKR どちらの理論曲線がより正しい弾性率値を与えているのだろうか. 試しに JKR 理論から求めた E と w の値, さらに探針の曲率半径 R を式 (3.20) の Tabor パラメータに代入すると $\mu = 6.52$ を得る ($z_0 = 0.2$ nm と仮定した). JKR 理論で記述すべき範囲であることがわかる. DMT 理論が適用できるのはもっと R が小さなシャープな探針やもっと硬い試料で成立する条件であり, およそ高分子材料を相手にしている場合には JKR 理論で問題がない場合が多い.

フォースディスタンスカーブを多点で計測するフォースマッピングモードでは, 上記のフォースディスタンスカーブ解析の結果から, 弾性率像や凝着エネルギー像などの力学的諸量でマッピングを行うモードとして活用することができる. 図 **3.5** に示したのは LDPE のフォースマッピングモード AFM 像である. 各フォースディスタンスカーブはおよそ 5 Hz の周波数で測定している. 128 × 128 点のカーブを収録しているので測定時間は約 50 分を要する. タッピングモードなどの標準的な測定モードと比較すると数倍時間がかかる. しかしながら, 得られる弾性率値などは ISO 標準化の項目にも挙げられているほど定量的で[9], バルクの試験結果と比較しうる数値になることもあるため, 幅広い応用が期待できる. 弾性率像から得られるヒストグラムなども有効利用できる. 図 3.5(d) に示したヒストグラムは単純にガウス分布として記述できるものになるが, その分布形状からさまざまな議論を展開できる. 弾

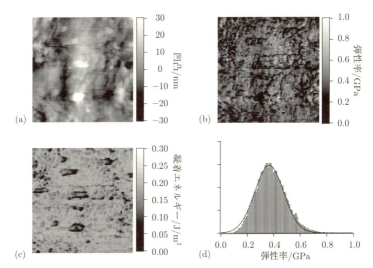

図 3.5 LDPE のフォースマッピングモード AFM 画像.走査範囲は 2.0 μm.(a) 見かけの凹凸像,(b) 弾性率像,(c) 凝着エネルギー像,(d) 弾性率ヒストグラム.

性率マッピングの実際の応用は 4 章以降でも紹介する.なお最近ではフォースマッピングの高速化が試みられている.ピエゾ素子移動速度を三角波で一定で行うのが従来のフォースディスタンスカーブ測定であるが,これをサイン波に変え,100 Hz を超える周波数で測定ができるようになりつつある.今後の展開に期待したい.

3.3 弾性率の深さ依存性

前節では,一つのフォースディスタンスカーブに対して一つの弾性率値を用いて解析した.ここでは,一つのフォースディスタンスカーブにおける任意の深さと力の関係から,弾性率の深さ依存性を評価する場合を見てみる.図 3.6 は窒素雰囲気下,また,水,ヘキサンおよびメタノールとの接触界面における PMMA の弾性率 E の深さ依存性である[10].弾性率は,フォースカーブ測定の結果から,式 (3.23) に基づき算出できる.弾性率は界面に近いほど低下しており,窒素雰囲気下の場合も例外でない.窒素雰囲気下における膜最外層の E 値の低下は,後

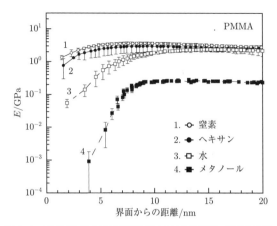

図 **3.6** PMMA 膜の最外領域近傍における弾性率の深さ依存性.

出典:K. Tanaka, Y. Fujii, H. Atarashi, M. Hino, and T. Nagamura: *Langmuir* **24**, 296 (2008).

述するように,分子鎖熱運動性が活性化していることを考えれば容易に説明できる.また,接触液体の違いによる界面近傍の弾性率の差は,液体分子の収着量の差を反映している.液体との界面近傍における低弾性率層は,ヘキサン中と比較して水中の方が厚かった.これは後述する膨潤層厚の結果とよく対応している.

ナノインデンターでも微小な探針(この場合は圧子と呼ばれる)を高分子表面に押し込み,その際に掛かる荷重 F と,圧子と試料表面の接触面積 A あるいは変位 δ の関係に基づき,試料表面近傍の力学物性が評価できる[11]).図 **3.7** は圧子を試料表面に押し込み引き抜いた際の F—δ 曲線の模式図である.探針を引き抜く際の F—δ 関係の直線部分の傾き $S_{F-\delta}$ から,試料表面における換算弾性率 E_r が求まる.

$$E_r = (S_{F-\delta}/2\beta) \cdot (\pi/A)^{1/2} \tag{3.24}$$

また,

$$E_r = \{(1-\nu_s^2)/E + (1-\nu_i^2)/E_i\}^{-1} \tag{3.25}$$

ここで ν_s および ν_i は試料表面および圧子のポアソン比,E および E_i

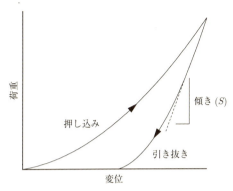

図 **3.7** 圧子を高分子表面に押し込んだ際の荷重—変位曲線の模式図.

は試料表面および圧子の弾性率で,β は圧子形状に依存する係数であり,1 から 1.03 の値をとる.一般的には,$E \ll E_\mathrm{i}$ であるので,式 (3.25) の右辺第 2 項が無視でき,

$$E = (1 - \nu_\mathrm{s}^2) \cdot (S_{F-\delta}/2\beta) \cdot (\pi/A)^{1/2} \tag{3.26}$$

となる.最近では,圧子を振動させながら,試料表面に押し込む方法も一般的に行われている.

膜表面の弾性率を温度の関数として測定すれば,表面の粘弾性が議論できる.図 **3.8** は PS 膜の表面弾性率像である[12].膜の一部はナイフで削りとったため,基板のシリコンウエハー (Si) が露出している.観察は 200 K から 10 K 間隔で行った.像中明るい領域は弾性率の高い領域に対応している.Si の弾性率は PS の弾性率よりも高い.このため,PS が完全に凍結している 200 K においてさえも両相間でコントラストが確認できる.温度が 320 K 付近までは両相のコントラストは一定であったが,330 あるいは 340 K 付近でコントラストは明瞭になり始めた.すなわち,PS 膜表面の弾性率は 330 あるいは 340 K を境に変化し始めると考えてよい.PS バルク試料の T_g が 373 K であることを考えると,図 3.8 の結果は,高分子膜表面の分子鎖熱運動性は内部と比較して活性化していることを示している[13].

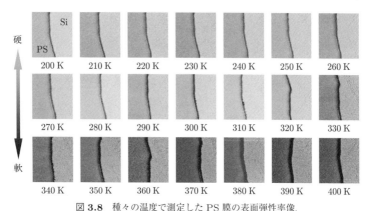

図 3.8 種々の温度で測定した PS 膜の表面弾性率像.

出典：K. Tanaka, K. Hashimoto, T. Kajiyama, and A. Takahara: *Langmuir* **19**, 6573 (2003).

3.4 ガラス転移

表面において分子鎖熱運動が速くなる理由の一つとして分子鎖末端の表面濃縮が提案されている．末端基は主鎖部と比較して自由度が高く動きやすい．このため，末端基が表面に濃縮すれば過剰な自由体積が誘起される[14]．両末端をアミノ基およびカルボキシル基で終端した PS（α,ω-PS(NH$_2$)$_2$ および α,ω-PS(COOH)$_2$）を用いて製膜し，表面 T_g を測定することで分子鎖末端の効果について考察した例を紹介する．図 **3.9** は種々の末端構造を有する PS 膜における表面およびバルク T_g の数平均分子量 M_n 依存性である[15]．ここでは，通常の PS を末端修飾 PS と区別するため，PS-H と表記している．α,ω-PS(NH$_2$)$_2$ のバルク T_g はすべての分子量範囲で PS-H のバルク T_g とよく一致した．また，その分子量依存性は M_n の -1 乗に比例する Fox-Flory の式でよく再現できていることから，α,ω-PS(NH$_2$)$_2$ 鎖は末端基の水素結合による会合体形成は起こっていないと考えてよい．一方，α,ω-PS(COOH)$_2$ の場合，分子量の低下とともにバルク T_g は上昇した．$M_n = 5$ k の試料におけるバルク T_g は，PS-H および α,ω-PS(NH$_2$)$_2$ のバルク T_g と比較して，約 35 K も高い値である．α,ω-PS(COOH)$_2$

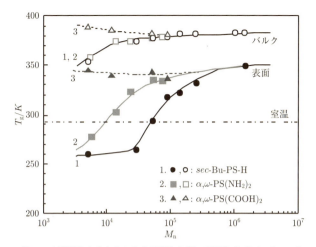

図 3.9 種々の末端構造を有する PS を調製した膜の表面およびバルク T_g と M_n の関係.

出典:N. Satomi, K. Tanaka, A. Takahara, T. Kajiyama, T. Ishizone, and S. Nakahama: *Macromolecules* **34**, 8761 (2001).

の高いバルク T_g は末端基が水素結合を介して会合し,見掛けの分子量が増加していると考えることで説明できる.カルボキシル末端基の水素結合形成による会合体形成は赤外吸収分光測定により確認されている.

図 **3.10** は種々の末端構造を有する PS の表面凝集状態を模式的に表している.図 3.9 に示したように,表面 T_g は分子鎖末端の化学構造に強く依存する.特に $M_n < 100\,\mathrm{k}$ の領域において,α,ω-PS(NH$_2$)$_2$ および α,ω-PS(COOH)$_2$ は PS-H と比較して高い表面 T_g を示した.アミノ末端およびカルボキシル末端は PS 主鎖と比較して高表面エネルギー成分であるため,膜内部に潜り込む.このため,M_n の等しい PS-H と比較して,膜表面の分子鎖末端基濃度は高くならず,分子運動の活性化の度合いは抑制される.

分子量の増加に伴い末端基濃度は減少する.したがって,分子量の増加に伴い表面 T_g はバルク T_g に漸近すると予想される.しかしながら,表面 T_g は,末端基濃度の極めて低い $M_n = 1450\,\mathrm{k}$ の PS においてさえも,バルク T_g より低い.これは,分子鎖が自由表面に接触している

疎水性末端を有する PS

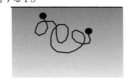

親水性末端を有する PS

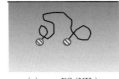
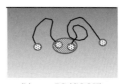

(a) α, ω-PS $(NH_2)_2$ (b) α, ω-PS $(COOH)_2$

図 3.10　種々の末端基を有する PS の表面凝集状態の模式図.

出典：N. Satomi, K. Tanaka, A. Takahara, T. Kajiyama, T. Ishizone, and S. Nakahama: *Macromolecules* **34**, 8761 (2001).

ため，分子鎖の協同運動性が低下すると考えることで説明できる[13]．協同運動性の低下については次節で説明する．以上の結果は，膜表面における分子鎖末端の濃縮，あるいは枯渇化，は表面レオロジー特性に影響を与えうる因子の一つであることを示している．

3.5　緩和過程

SPM を用いることで，高分子表面でもバルク材料のレオロジー解析と同様な実験が可能となる．図 **3.11**(a) は $M_n = 140\,\mathrm{k}$ の PS 膜の表面位相差 δ^s の温度ならびに周波数依存性を示している[16]．すべての周波数 f で膜表面の α_a 緩和過程に起因する δ^s の吸収極大が観測され，その温度は周波数の増加とともに高温側にシフトした．また，同図より，すべての周波数において δ^s の極大温度 $T_{\max}$ はバルク T_g より低いことが明らかである．次式が成立すると仮定すると，

$$\Delta H^* = -R_{\mathrm{gas}} \cdot d(\ln f)/d(1/T_{\max}) \tag{3.27}$$

表面における α_a 過程の見かけの活性化エネルギー ΔH^* が評価できる．ここで R_{gas} は気体定数である．図 3.11(b) は (a) の結果から作成

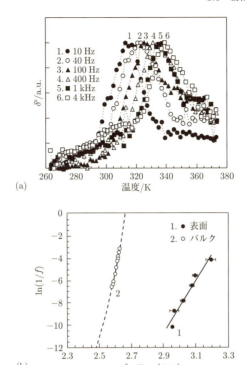

図 3.11 (a) PS 膜の表面位相差 δ^s の温度・周波数依存性と (b) Arrhenius プロット. (b) 中の破線は Vogel-Fulcher 式を用いたバルクデータのフィッティング曲線である.

出典:K. Akabori, K. Tanaka, N. Satomi, T. Nagamura, A. Takahara, and T. Kajiyama: *Polymer J.* **39**, 684 (2007).

したアレニウスプロットである.図中にはバルクのデータも示している.直線の傾きより評価した ΔH^* は $200 \pm 20\,\mathrm{kJ/mol}$ であった.この値はバルク試料の ΔH^* の $360\sim880\,\mathrm{kJ/mol}$ と比較して著しく小さい.この差異は,表面では内部と比較して α_a 緩和に対応するセグメント運動の協同性が低下していることを示唆している.このような協同運動性の低下は,表面セグメント上にはその運動性を束縛する隣接セグメントが存在しないことを考えれば理解できる.

3.6 立体規則性の効果

PMMA では側鎖の運動に起因する β 過程についても詳細な検討が行われている．PMMA の分子運動性を検討する場合，立体規則性を考慮することは極めて重要である．立体規則性とは，線状高分子主鎖を引き伸ばした状態を想定したとき，置換基が主鎖平面に対して常に片側にある場合をアイソタクチック，置換基が主鎖平面の両側に交互に存在するものをシンジオタクチック，さらに交互性を示さず両側に不規則に置換基が存在するものをアタクチックという．一般に PMMA の T_g は立体規則性に強く依存する．ここでは，PMMA に着目し，表面分子運動特性に及ぼす立体規則性の効果を見てみる．

図 3.12 はシンジオタクチック (st-) リッチな PMMA 膜の表面におけるエネルギー散逸，ならびにバルク試料の動的損失弾性率 E'' の温度依存性である[17]．試料の M_n は 1.58 M であり，2 つの測定の周波数は同程度である．水平力顕微鏡（LFM）測定に基づき評価した膜表面でのエネルギー散逸は表面での E'' に対応すると考えてよい．表面においてもバルクと同様にセグメント運動に対応する α_a 吸収ピークが観測されているが，その極大温度はバルク値と比較して低い．表面 α_a 緩和過程に起因したエネルギー散逸の増加し始める温度で定義した表面 T_g は 320 K であり，395 K のバルク T_g と比較して著しく低下している．また，β 緩和過程も表面で観測され，その極大温度もバルク値より低下している．

前述と同様に，種々の温度において水平力の走査速度依存性を評価することで，図 3.13 に示した緩和マップが描ける．図中の直線の傾きより求めた表面 α_a 緩和過程の ΔH^* は約 230 ± 20 kJ/mol であり，バルク値（660 ± 60 kJ/mol）の半分以下である．また，表面 β 過程の ΔH^* は 50 ± 10 kJ/mol であった．この値は，バルクにおけるそれ（80 ± 2 kJ/mol）と比較して若干小さかった．従来，β 緩和は側鎖の束縛回転に起因する緩和だと考えられてきた．また，PMMA に添加剤を加えても β 過程の緩和温度は変わらないことから，β 過程は周囲環境の影響を受けないと考えられている．したがって，ここでの結果はこれ

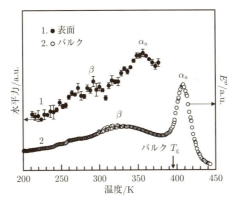

図 3.12 シンジオタクチック PMMA 膜の水平力および損失弾性率の温度依存性.

出典:Y. Fujii, K. Akabori, K. Tanaka, and T. Nagamura: *Polymer J.* **39**, 928 (2007).

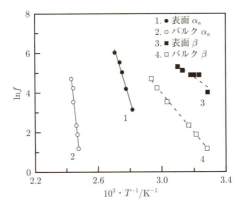

図 3.13 シンジオタクチック PMMA の緩和分散地図.

出典:Y. Fujii, K. Akabori, K. Tanaka, and T. Nagamura: *Polymer J.* **39**, 928 (2007).

までの解釈と必ずしも一致しない.しかしながら,PMMA 超薄膜における β 過程の緩和ダイナミクスもバルクのそれと異なることが報告されており[18]),β 過程が表面・界面や超薄空間等,束縛場の影響を受けることは間違いないようである.近年の二次元核磁気共鳴分光測定などの結果は,β 過程は側鎖の束縛回転と主鎖の局所緩和がカップルした複

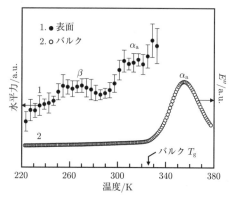

図 3.14 アイソタクチック PMMA 膜の水平力および損失弾性率の温度依存性.
出典：Y. Fujii, K. Akabori, K. Tanaka, and T. Nagamura: *Polymer J.* **39**, 928 (2007).

雑な運動であることを示している[19]．後者のような解釈をすれば，β 過程が束縛場の影響を受けるのは妥当であるといえる．

図 **3.14** は it-PMMA 膜表面における水平力ならびに E'' の温度依存性である[17]．バルク試料の場合，主鎖のセグメント運動に起因した α_a 緩和過程の吸収極大が 365 K に観測されている．測定周波数 70 Hz において，it-PMMA の β 緩和過程に対応する吸収ピークは，α_a 過程の吸収ピークと重なるため，明確に観測されない．一般に，it-PMMA では，β 過程の緩和強度は α_a 過程のそれと比較して小さい．一方，表面では α_a 緩和過程および β 過程ともにバルクと比較して低温で観測されている．水平力が増加し始める温度で定義した表面 T_g は 295 K であり，バルク T_g との差は 30 K 程度であった．したがって，it-PMMA の表面 T_g の低下の度合いは，st-PMMA の場合よりも弱いといえる．表面 α_a 緩和過程の ΔH^* は約 150 ± 10 kJ/mol であり，バルク値 (258 ± 3 kJ/mol) の半分以下であった．また，表面 β 過程の ΔH^* は 30 ± 10 kJ/mol であった．この値も，バルク値の 56 ± 1 kJ/mol と比較して小さい．以上の結果から，it-PMMA 膜表面においても分子鎖熱運動性はバルクと比較して著しく活性化していると結論できる．しかしながら，st-および it-PMMA を比較した場合，α_a および β 緩和過

程の表面における活性化の程度は異なっていた．したがって，表面においても分子鎖熱運動性は立体規則性の影響を受けると考えられる．これらは，2章で学んだ表面での分子鎖局所コンフォメーションと密接に関連している．

3.7 表面層の厚さ

ここまで，表面では分子鎖が動きやすいことを見てきた．それでは，どの程度の深さ範囲で分子運動は活性化されているのだろうか．ここでは2枚のPS膜を貼り合わせて二層膜を調製し，その界面における分子鎖の拡散挙動を表面T_g以上かつバルクT_g以下の温度範囲で評価することで[20]，この疑問に答えてみた．表面T_gおよびバルクT_gがそれぞれ294 Kおよび373 Kである$M_n = 29$ kのPSを用いて，二層膜界面厚の時間発展を温度の関数として検討した．図 **3.15** は(PS-29 k/dPS-29 k)二層膜における界面厚の時間依存性である．界面厚は動的二次イオン質量分析（DSIMS）に基づき評価した．二層膜を形成す

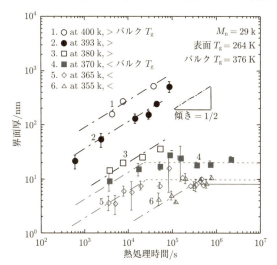

図 **3.15** 種々の温度におけるPS二層膜の界面厚の時間発展．

出典：D. Kawaguchi, K. Tanaka, A. Takahara, and T. Kajiyama: *Macromolecules* **34**, 6164 (2001).

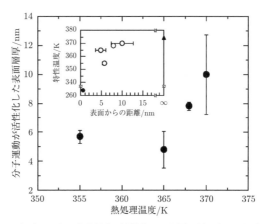

図 3.16 PS 表面における分子運動が活性化された層の厚さとその温度依存性. 内挿図は T_g の深さ依存性に対応.

出典:D. Kawaguchi, K. Tanaka, A. Takahara, and T. Kajiyama: *Macromolecules* **34**, 6164 (2001).

る膜の一つは重水素標識している.バルク T_g 以上の温度で熱処理を施した場合には,界面厚は熱処理時間の 1/2 乗に比例して増加した.一方,表面 T_g 以上かつバルク T_g 以下の温度である 355 K で処理した場合には,界面厚は時間とともに増加した後,11.4 ± 0.9 nm の一定値に到達した.この結果は,二層膜界面に存在する分子鎖が T_g の低下した表面層を拡散した後,分子運動の凍結されたバルク領域に到達し,膜厚方向の拡散が抑制されたことを示している. (PS-29 k/dPS-29 k) 界面は 2 枚の膜を貼り合わせて調製しているため,増加した界面厚の半分が拡散した表面層に対応する.この表面層の厚みは,用いた PS の空間的広がり以下である.したがって, (PS-29 k/dPS-29 k) 二層膜界面における厚化はセグメントスケールの拡散によって達成される.

図 3.16 は上述した表面層の厚みと熱処理温度の関係であり,ある温度において比較的大きなスケールでの分子運動が達成された表面の深さに対応する[20].この図の縦軸と横軸を入れ替えることによって,図 3.16 の挿入図が得られる.ここで縦軸は大きな分子運動が起こり始める特性温度と見なすことができる.すなわち,挿入図は特性温度の深さ

依存性を示している．比較のため，LFM 測定により得られた表面 T_g を探針の侵入深さである 0.5 nm に，また，示差走査熱量分析に基づき決定したバルク T_g を深さ無限大の位置にプロットした．挿入図より，PS 表面領域で深さ方向に分子運動性の勾配があることが明らかである．

3.8 表面粘弾性の定量評価

これまで見てきた図 3.8 の弾性率，図 3.11(a) の表面位相差，また，図 3.12 および図 3.14 に示した水平力は相対値であった．これらの情報でも表面における分子鎖の熱運動は議論できるが，さらなる詳細な議論のためには，表面粘弾性関数の絶対値での議論が望まれる．ここでは，AFM を用いた表面粘弾性計測の最近の進歩と絶対値評価への可能性について紹介する．

2.4 節でタッピングモードの位相像がエネルギー散逸の指標であることを示したが，さらにそれを発展させて

$$\tan\delta = \frac{\sin\phi - A/A_0}{\cos\phi} \tag{3.28}$$

として，いわゆる $\tan\delta$，損失正接が評価できるという報告がある[21]．しかしながら，2.4 節でも議論したように，タッピングモードにおけるエネルギー散逸のパスは粘性散逸のみではないため，$\tan\delta$ が過大評価される傾向にある[22]．凝着相互作用を低減できるような仕組み（探針ないし環境に工夫を凝らすなど）があればより正確に $\tan\delta$ を評価できるようになるかもしれない．ただし，この手法にはもう一つ理解しておくべき点がある．それはタッピングモードが 10 kHz や 100 kHz，あるいは最近では 1 MHz といったカンチレバーの共振周波数で操作されるということである．温度時間換算則によれば，特に T_g に対応する周波数帯では 1 桁の周波数変化が 10 K 弱の温度変化に対応するため，たとえば，室温 100 kHz のタッピングモードによる観察は 40〜50 K 低温側の試料の状態を観察していることになる．その結果，スチレンブタジエンゴム（SBR）が，タッピングモードではゴム状態ではなくガラス状態として振る舞うということもわかっている[9]．このように相手が粘

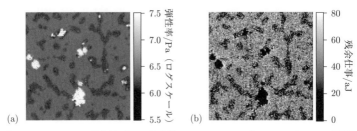

図 3.17 SBR/IR 非相溶ブレンド試料のフォースマッピングモード AFM 画像.走査範囲は 10.0 μm.(a) 弾性率像,(b) 残余仕事像.

弾性体として振る舞うポリマーの場合,AFM 利用時にも温度時間換算則的な発想を忘れてはならない.

より低周波数側の測定であるフォースマッピング手法でも,粘弾性体を相手にする場合には議論はかなり複雑になる.たとえば,試料がガラス転移領域にあるときには弾性体理論である JKR 理論では記述できないフォースディスタンスカーブが得られる[23,24].図 3.17 に示したのは AFM フォースマッピングによる SBR/IR 非相溶ブレンド試料の観察結果である.SBR イソプレンゴム(IR)の重量比が 7:3 であることがわかっているため,SBR が海相,IR が島相を形成しているのは明らかである.図 3.17(a) の弾性率像では IR 相が一番低く 1.63 ± 0.27 MPa,SBR 相が 2.21 ± 0.22 MPa であった.図中のより高弾性率の粒子は架橋助剤の酸化亜鉛であり,4 章で取り上げる CB(カーボンブラック)などのフィラー同様,この部分の弾性率は正確に評価できない.

図 3.18 に示したのはそれぞれの相の上での典型的なフォース—試料変形量曲線で,(a) の IR 上では JKR 理論曲線(実線)がほぼ引き離し時のカーブ(○)を再現している.T_g が 213 K 付近にある IR は,室温ではほぼ完全に弾性体として振る舞っており,JKR 理論から求めた弾性率は定量的に正確である.一方,(b) の SBR 上では JKR 理論曲線と実測データの乖離がある.JKR 2 点法では $F = 0$ の点と $F = F_c$ の点の実測データを使い,JKR 理論曲線を描かせる.したがって,両曲線が合っているのはその 2 点のみで,それ以外の点では実測デー

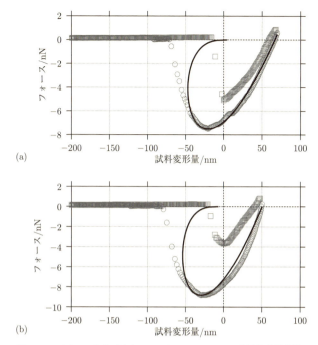

図 3.18 (a) IR および (b) SBR 上でのフォース―試料変形量曲線.

タの方が大きな曲率をもっている.SBR の T_g は 253 K で,損失正接が室温付近にピークを迎えるような試料である.最も粘弾性の影響が大きい条件で観察しているということである.そのような場合には JKR 理論は利用できない.粘弾性効果をある程度取り込んだ,巨視的なタック試験などへの応用でも知られている Barguins[25] や Greenwood[26] の理論が利用できる可能性はある.しかし少なくともこのカーブにはうまく合わない.

そこでむしろ積極的に JKR 理論曲線と実測データの「差」をデータとして利用してみることにする.縦軸が力で横軸が長さなので,両曲線で囲まれた部分の面積は単位としては仕事を表す.JKR 理論曲線がこの試料が弾性体的だとみなした極限のカーブだとすれば実測データとの差は粘弾性の効果によって余計に必要だった仕事(残余仕事)だと考

えることができるかもしれない．その量を画像化したのが図 3.17(b) である．酸化亜鉛粒子の上で値は 0，IR 相でも値は小さい．その一方で，SBR 相の上ではこの値が 44.5 ± 14.4 aJ となった．

値が大きいというだけでは残余仕事を粘弾性仕事として位置づけるのは早計であろう．そこで温度やフォースディスタンスカーブの測定条件を変化させてみる．ここで用いた SBR 試料は $T_g \sim 268$ K の試料で，加硫ゴムシートを 343 K で 5 時間ソックスレー抽出を行うことで添加剤を除去した．その後室温にて 16 時間真空乾燥を行った．ウルトラミクロトームを用いて，163 K で厚み約 1 μm の切片を切り出し，マイカ上に吸着させたものを試料とした．加熱・冷却機構が付属している AFM 装置で，マイカ上の温度を実測しながら測定を行った．289.7 K から 313.0 K まで異なる 7 点の温度を設定した．1 μm の厚みの SBR 切片上の温度がマイカ上の測定温度と完全に同一になるように，加熱開始後から測定開始までにかなりの待機時間を設定した．測定に供したカンチレバーはバネ定数および探針先端曲率半径の公称値が $k = 2.8$ N/m，$R = 150$ nm のものを用いた．実際には k や R も実測し，可能な限り定量的な議論ができるようにした．カンチレバーと試料の相対距離を制御するピエゾ素子には三角波を印加するが，その速さは 0.3 μm/s から 20 μm/s まで可変した．

図 3.19 に結果を示す．(a) が JKR 理論に基づく弾性率，(b) が残余仕事である．(a) から温度が低いほど，そしてピエゾ素子変位速度が速いほど弾性率が単調に増加している様子が読み取れる．特に低温になるほど変化率が増大していく様子は，ゴム状態からガラス転移領域へ状態が変化していくことに対応している．さらに興味深いのは図 3.19(b) の残余仕事の推移で，高温・高速で残余仕事は小さく，温度を下げる，あるいは高速にするに従って残余仕事が増大していく．しかし，それも 301.3 K，5.6 μm/s での値をピークとするまでで，さらに低温・高速にしていくと再び残余仕事は減少していく．T_g 近傍の損失正接の変化に類似した振る舞いである．なお残余仕事が小さいということは系がより弾性的に応答しているということを意味する．実際，高温・低速のフォースディスタンスカーブは IR のそれに類似したゴム弾性らしい

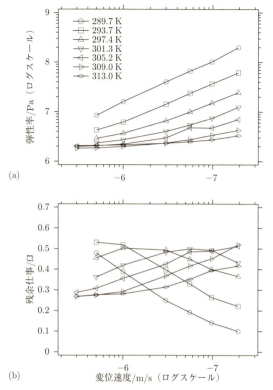

図 3.19 SBR（厚み 1 μm）上で測定した (a) 弾性率および (b) 残余仕事の温度およびピエゾ素子変位速度依存性.

カーブになるし，低温・高速のフォースディスタンスカーブはガラス状高分子のカーブに酷似したカーブになり，それぞれ JKR 理論で記述可能となる．

図 3.19 の変化は，この試料のナノスケール粘弾性応答を如実にとらえたものといえるかもしれない．そこで変位速度を周波数換算し，さらに温度時間換算則を適用し，そのことを確かめてみる．まず周波数 f への換算であるが，次式を利用した[27]．

$$f = \frac{2\pi v}{\delta} \tag{3.29}$$

v が変位速度,δ としては長さの次元をもつ量として JKR 解析に利用する $F=0$ の点と $F=F_c$ の点の試料変形量の差 $\delta_0 - \delta_1$(式 (3.14) と (3.18) を参照のこと)を採用した.このようにして求めた f はおおよそ探針と試料が接触している間の時間の逆数に対応する.温度時間換算則については同一試料のバルク粘弾性データを流用した.すなわち次の Williams-Landel-Ferry (WLF) 式[28]

$$\log a_\mathrm{T} = -\frac{\mathrm{C}_1 (T-T_\mathrm{r})}{\mathrm{C}_2 + (T-T_\mathrm{r})} \tag{3.30}$$

からシフトファクター a_T を求めた.この試料の場合は C_1,C_2 としてユニバーサルコンスタント($\mathrm{C}_1 = 8.86$,$\mathrm{C}_2 = 101.6$)を採用し,$T_\mathrm{r} = T_\mathrm{g} + 50\,\mathrm{K}$ とすることでバルクの粘弾性のマスターカーブを得ることができたので,それ以上の議論は行わずにそのまま C_1,C_2,T_r を利用することにした.バルク試料の a_T を用いて,図 3.19 を変換したのが図 **3.20** である.それぞれのカーブにおいて,きれいなマスターカーブが描けている.弾性率の変化から最も $a_\mathrm{T} f$ の大きいデータでもまだガラス状態にはなっていないことがわかる.一方で残余仕事は $a_\mathrm{T} f \sim 27\,\mathrm{kHz}$ 付近にピークがあり,巨視的データの損失正接 $\tan\delta$ のピーク($\sim 40\,\mathrm{kHz}$)とほとんど一致している.フォースディスタンスカーブを解析するだけの単純な方法であるが,残余仕事と損失正接には強い相関があるといえる.なお残余仕事は絶対値そのものは凝着力の情報混入がある.図 3.18 で用いたカンチレバーと図 3.19 で用いたカンチレバーは探針形状 R が異なる.R が大きいと凝着力が大きくなる分,同じ試料でも残余仕事は大きくなってしまう(図 3.18 と図 3.19 では試料も異なるが).

ところで,なぜ粘弾性的な状態にある試料のフォース—試料変形量曲線は JKR 理論よりも大きな曲率をもつのだろうか.このカーブを真に正しく再現できる理論式はないのだろうか.探針が接触した瞬間から押し込み過程を経て引き離し過程に入るまでに,試料は時々刻々緩和していく.その結果として試料変形量には常に遅延が生じる.それが大きな

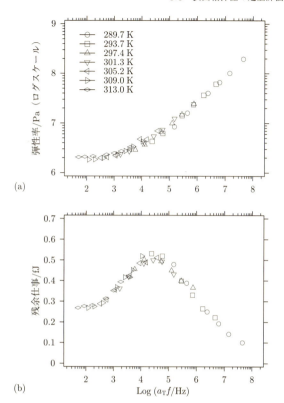

図 3.20 図 3.19 のデータから得られる (a) 弾性率および (b) 残余仕事のマスターカーブ．$C_1 = 8.86$，$C_2 = 101.6$，$T_r = 318$ K．

曲率の理由である．実はこのことは押し込み過程のカーブを見てもわかる．図 3.18 の押し込み時のカーブ（□）は接触後，押し込み量の増大に従って探針形状効果として接触面積が増大するために，弾性応答ならば図 3.18(a) のように下に凸のグラフになる．一方，粘弾性応答ならば押し込み中も応力が緩和していくので，その効果は上に凸のグラフになる．この 2 つの効果の重ね合わせで実際の応力が得られるため，ときとして図 3.18(b) のように直線で近似できるようなカーブになることがある．このカーブがもっている情報は豊富である．しかしながら，現状

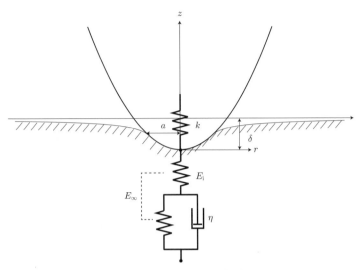

図 3.21 Johnson 標準線形固体粘弾性モデル.

では粘弾性と凝着力の効果の両方を取り込んだ接触力学の体系は存在しない.そこで凝着力の効果を低減するために水中で測定を行った事例について次に紹介する.

Johnson 標準線形固体粘弾性モデル[29,30)]はこの目的のために利用できるモデルの一つである.図 3.21 のように材料側の特性として 3 要素模型を設定する.E_i と E_∞ はそれぞれ瞬間弾性率と緩和弾性率で,η が粘性率である.クリープコンプライアンス $J(t)$ は

$$J(t) = \frac{1-v^2}{E_\infty}\left\{1-\left(1-\frac{E_\infty}{E_i}\right)e^{-\frac{t}{\tau}}\right\} \tag{3.31}$$

と書け,ここで緩和時間 τ は

$$\tau = \frac{E_i - E_\infty}{E_i E_\infty}\eta \tag{3.32}$$

で与えられる.Johnson によれば接触半径 $a(t)$ は

$$a^3(t) = \frac{3R}{4}\int_0^t \frac{dF(u)}{du}J(t-u)du \tag{3.33}$$

でクリープコンプライアンスと関係づけられるが,Hertz 接触を仮定し

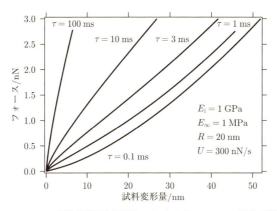

図 3.22 Johnson 標準線形固体粘弾性モデルによるフォース—試料変形量曲線.

ているこのモデルの場合は試料変形量 $\delta(t)$ も $a^2 = R\delta$ で互いに結びついているため,

$$\delta^{3/2}(t) = \frac{a^3(t)}{R^{3/2}} = \frac{3}{4\sqrt{R}} \int_0^t \frac{dF(u)}{du} J(t-u) du \tag{3.34}$$

と書ける.ここで簡単のために

$$\frac{dF(t)}{dt} = U \tag{3.35}$$

として時間変化しないと仮定し(この仮定は第一次近似的には正しい),式 (3.31) を (3.34) に代入すると,

$$\delta^{3/2}(t) = \frac{3U\tau}{4\sqrt{R}} \frac{1-v^2}{E_\infty} \left[\frac{t}{\tau} - \left(1 - \frac{E_\infty}{E_i}\right) \left(1 - e^{-\frac{t}{\tau}}\right) \right] \tag{3.36}$$

が得られる.つまり,δ の時間依存性のグラフに対して式 (3.36) でフィッティングを行うことで式中の諸量が求められる.

図 3.22 は Johnson 標準線形固体粘弾性モデルをさまざまな τ に対してプロットしたものである(E_i と E_∞ を固定し,η を変量した).緩和時間が長く,観測時間中に徐々に緩和していく場合には上に凸のグラフが得られ,緩和時間が短い場合には緩和の効果は見かけ上は現れず,Hertz 理論で記述してもよいような,下に凸のグラフが得られる.緩和時間が観測時間(10 ms)と同程度の場合($\tau = 3$ ms)には直線的な

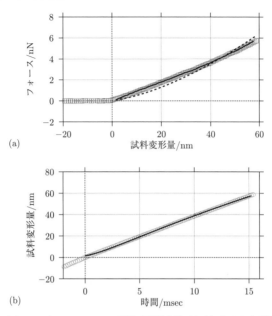

図 3.23 (a) SBR 上でのフォース—試料変形量曲線(水中)と (b) 変形量—時間曲線.

カーブが得られた.

図 3.23 に示したのは SBR 表面上で取得したフォース—試料変形量曲線である.水中での測定である.水中では凝着力は大気中のおよそ 80 分の 1 になるため,凝着力の影響を避けたい場合には水中で測定を行うことがある.図 3.23(a) に示されているように押し込み過程でほぼ直線的なフォースの立ち上がりが観測された.試しに破線のように Hertz 理論でフィッティングを行ってみても,実測カーブを再現することはできない.図 3.23(b) は試料変形量の時間発展のグラフである.このグラフを式 (3.36) でフィッティングするわけであるが,直線を 3 変数でフィッティングすることにあまり意味はない.そこで $E_i = 1\,\text{GPa}$ に固定し,2 変数でフィッティング(図 3.23(b) の実線)を行い,$E_\infty = 1.16\,\text{MPa}$, $\tau = 4.95\,\text{ms}$ を得た.さらに式 (3.32) から粘度を求めることもでき,$\eta = 5.73\,\text{kPa·s}$ を得た.これらの値から図

3.23(a) の実線のように理論曲線を描かせることも可能である.当然ながらこれらの結果は実験データをほぼ完全に再現できる.フォースマッピングモード AFM ではこの解析を二次元画像に対して行うことも可能である.緩和弾性率像,緩和時間像,粘度像などさまざまな粘弾性パラメータが画像として取得し,議論できるようになる.CB 充填した SBR の界面にこの手法を適用した事例が報告されている[31].界面領域の粘度がマトリックスゴムの粘度の 12% 増という結果が得られている.

AFM による粘弾性計測の可能性を示すもう一つの事例を示そう.すでに見てきたように従来の AFM フォースマッピングでも,ピエゾ素子の変位速度や試料温度をパラメータとして見かけの弾性率変化などを計測・評価することは可能であった.しかしながら,この手法では図 3.19 に示したように広い周波数帯域を確保することができず,その点で満足のいく測定ではない.

他方で,フォースモジュレーション (FM) 法あるいは走査粘弾性顕微鏡 (SVM) という手法があり,特に図 3.11 に示したように高分子特有の T_g 付近の粘弾性変化を評価することに成功している[16,32].この方法では同じ圧電スキャナーに表面と垂直方向に微小振動を印加する.そして試料表面上に静置されたカンチレバーが感じる力の応答として試料の粘弾性情報を探ることが可能となる.この手法が提供する,ある固定周波数での温度特性を見る研究は比較的容易で有意義である.少なくともバルクの性質としては温度依存性と周波数特性は相補的な関係にあり,a_T を用いて相互に変換できる.広い周波数帯域を掃引することが技術的に困難な測定ではこのことは特に重要である.しかしながら,本書でこれまでも見てきたように,こと表面においては分子運動の容易さから T_g の低下が生じることが多数報告されている.表面では WLF 式を適用する際,バルクの値と同じ a_T を利用してよいという保証は必ずしもない(図 3.20 でうまくいった事例を紹介した.それは対象がゴムであったためである).そこで温度軸の変化に加え,周波数軸の変化を見て「ナノスケール力学物性の分散地図」を構築する必要がある.

また従来の FM 法では広範囲を走査するというピエゾ素子に課せら

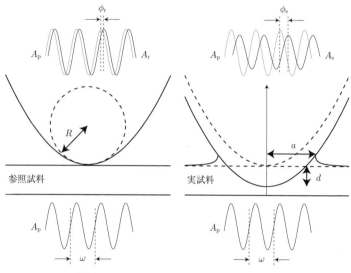

図 3.24 ナノレオロジー AFM の測定原理図.

れた制約のために共振周波数がせいぜい数百 Hz 程度に制限されてしまい,十分な帯域をカバーする測定ができなかった.そこでここで紹介する技術ではピエゾ素子と試料の間に電気的に独立している高周波帯域の小型ピエゾ素子を挟み込み,完全に外部から駆動することで最大 6 桁に及ぶ周波数帯域での測定を可能にすることが目論まれた[33].その際,周波数応答として試料変形量,位相変化,動的スチフネスを定義して実際の試料の応答を測定する.さらにこの手法がフォースマッピングモード AFM と容易に組み合わせられる利点を活用し,探針と試料の接触面積を定量し,動的スチフネスからマクロ物性と相関を取ることが容易な動的弾性率(貯蔵弾性率・損失弾性率)を算出する.これによって巨視的な粘弾性計測装置でも実現が困難な,広帯域のナノスケール粘弾性計測手法が実現できる.

図 3.24 にナノレオロジー AFM の測定原理を示す[34].試料直下に置かれた小型ピエゾ素子を振幅 A_p,周波数 $\omega\ (=2\pi f)$ で加振する.参照試料(マイカなどの硬い試料)上に接触したカンチレバーの振動振

幅を A_r, 位相遅れを ϕ_r とする. 理想的な応答は $A_\mathrm{r} = A_\mathrm{p}$, $\phi_\mathrm{r} = 0$ であるが, たとえマイカの場合でも小型ピエゾ素子自身の特性やシステム共振などの影響のために限られた範囲でしか理想的とみなせない. また実際の測定では A_p は直接測定できず, カンチレバーの応答としての A_r のみが測定にかかることにも注意したい. 次に実試料に置き換えたときのそれぞれの値を A_s と ϕ_s とする. リファレンス試料の上でも理想的な応答からのずれがあるので, 時刻 t での試料の変形量 Δ を

$$\Delta = \Delta_\mathrm{r} - \Delta_\mathrm{s} = A_\mathrm{r}\cos(\omega t + \phi_\mathrm{r}) - A_\mathrm{s}\cos(\omega t + \phi_\mathrm{s})$$
$$\equiv A\cos(\omega t + \phi) \tag{3.37}$$

と定義し, A を試料変形の振動振幅, ϕ を試料変形の位相遅れと定義する. すると,

$$A = \sqrt{A_\mathrm{r}{}^2 + A_\mathrm{s}{}^2 - 2A_\mathrm{r}A_\mathrm{s}\cos(\phi_\mathrm{s} - \phi_\mathrm{r})} \tag{3.38}$$

$$\tan\phi = \frac{A_\mathrm{r}\sin\phi_\mathrm{r} - A_\mathrm{s}\sin\phi_\mathrm{s}}{A_\mathrm{r}\cos\phi_\mathrm{r} - A_\mathrm{s}\cos\phi_\mathrm{s}} \tag{3.39}$$

が得られる. カンチレバーのバネ定数を k とすると $k\Delta_\mathrm{s}$ が実試料が感じる振動的な力なので, 複素動的スチフネス S は

$$S = \frac{k\Delta_\mathrm{s}}{\Delta} = \frac{kA_\mathrm{s}e^{i(\omega t + \phi_s)}}{Ae^{i(\omega t + \phi)}} = k\frac{A_\mathrm{s}}{A}e^{i(\phi_s - \phi)} \tag{3.40}$$

となる. 貯蔵スチフネス S', 損失スチフネス S'' は式 (3.40) からそれぞれ

$$S' = k\frac{A_\mathrm{s}}{A}\cos(\phi_\mathrm{s} - \phi) \tag{3.41}$$

$$S'' = k\frac{A_\mathrm{s}}{A}\sin(\phi_\mathrm{s} - \phi) \tag{3.42}$$

となる.

スチフネス S は一般に応力によって変化する接触面積に依存し, 材料特性を真に表している量ではない. 接触面積の定量が必須である. 従来の FM 法では接触面積に関する情報は全く得られないのに対し, AFM フォースマッピングと組み合わせる本手法では測定の各点でフ

ォースディスタンスカーブが付随しているので,3.1 節で説明した JKR 解析などを行うことで,接触面積が定量できるのが利点である.Hertz 理論では式 (3.2)(3.3) から

$$S_{\text{Hertz}} \equiv \frac{dF}{d\delta} = \frac{dF}{da} \bigg/ \frac{d\delta}{da} = \frac{3a^2 K}{R} \frac{R}{2a} = \frac{3}{2} Ka \tag{3.43}$$

と書ける.S を求めても a がわからなければ弾性定数 K は求まらない.JKR 理論の場合はさらに複雑で[35],

$$S_{\text{JKR}} = \frac{3}{2} Ka \frac{1-(a_0/a)^{3/2}}{1-(1/6)(a_0/a)^{3/2}} \equiv C(a) S_{\text{Hertz}} \tag{3.44}$$

が得られる.a_0 は式 (3.17) で定義した量である.式 (3.41)(3.42)(3.44) を組み合わせることで貯蔵弾性率 E',損失弾性率 E'' およびその比である損失正接 $\tan \delta$ が以下のように定義できる.

$$E' = \frac{(1-\nu^2)S'}{2aC(a)} \tag{3.45}$$

$$E'' = \frac{(1-\nu^2)S''}{2aC(a)} \tag{3.46}$$

$$\tan \delta \equiv \frac{E''}{E'} = \frac{S''}{S'} \tag{3.47}$$

既報では,268 K 付近に T_{g} をもつ SBR のナノ粘弾性測定結果が絶対値も含めてマクロ物性と一致していることが報告されている[33].ゴムとフィラーの界面にこの手法を応用した事例については 5 章で詳しく紹介する.

参考文献

1) K. L. Johnson: "Contact mechanics", p.84, Cambridge University Press (1989).
2) B. V. Derjaguin, V. M. Muller, and Y. P. Toporov: *J. Colloid Interf. Sci.* **53**, 314 (1975).
3) K. L. Johnson, K. Kendall, and A. D. Roberts: *Proc. Roy. Soc. Lond.* **A 324**, 301 (1971).
4) D. Maugis: *J. Colloid Interf. Sci.* **150**, 243 (1992).

5) R. W. Carpick, D. F. Ogletree, and M. Salmeron: *J. Colloid Interf. Sci.* **211**, 395 (1999).
6) H. Liu, S. Fujinami, D. Wang, K. Nakajima, and T. Nishi: "Polymer Morphology: Principles, Characterizaiton, and Processing" (ed. Q. Guo), pp.317-334, Wiley (2016).
7) D. Tabor: *J. Colloid Interf. Sci.* **58**, 2 (1977).
8) Y. Sun, B. Akhremitchev, and G. C. Walker: *Langmuir* **20**, 5837 (2004).
9) K. Nakajima, M. Ito, D. Wang, H. Liu, H. K. Nguyen, X. Liang, A. Kumagai, and S. Fujinami: *Microscopy* **63**, 193 (2014).
10) K. Tanaka, Y. Fujii, H. Atarashi, M. Hino, and T. Nagamura: *Langmuir* **24**, 296 (2008).
11) X. D. Li, H. S. Gao, W. A. Scrivens, D. L. Fei, X. Y. Xu, M. A. Sutton, A. P. Reynolds, and M. L. Myrick: *Nanotechnology* **15**, 1416 (2004).
12) K. Tanaka, K. Hashimoto, T. Kajiyama, and A. Takahara: *Langmuir* **19**, 6573 (2003).
13) K. Tanaka, A. Takahara, and T. Kajiyama: *Macromolecules* **33**, 7588 (2000).
14) A. M. Mayes: *Macromolecules* **27**, 3114 (1994).
15) N. Satomi, K. Tanaka, A. Takahara, T. Kajiyama, T. Ishizone, and S. Nakahama: *Macromolecules* **34**, 8761 (2001).
16) K. Akabori, K. Tanaka, N. Satomi, T. Nagamura, A. Takahara, and T. Kajiyama: *Polymer J.* **39**, 684 (2007).
17) Y. Fujii, K. Akabori, K. Tanaka, and T. Nagamura: *Polymer J.* **39**, 928 (2007).
18) K. Fukao, S. Uno, Y. Miyamoto, A. Hoshino, and H. Miyaji: *Phys. Rev.* E **64**, 051807 (2001).
19) K. Schmidt-Rohr, A. S. Kulik, H. W. Beckham, A. Ohlemacher, U. Pawelzik, C. Boeffel, and H. W. Spiess: *Macromolecules* **27**, 4733 (1994).
20) D. Kawaguchi, K. Tanaka, A. Takahara, and T. Kajiyama: *Macromolecules* **34**, 6164 (2001).
21) R. Proksch and D. G. Yablon: *Appl. Phys. Lett.* **100**, 073106 (2012).
22) H. K. Nguyen, M. Ito, S. Fujinami, and K. Nakajima: *Macromolecules* **47**, 7971 (2014).
23) D. Wang, X. Liang, Y. Liu, S. Fujinami, T. Nishi, and K. Nakajima: *Macromolecules* **44**, 8693 (2011).
24) 中嶋健, 伊藤万喜子, 藤波想：化学工業 **63**, 463 (2012).
25) M. Barguins and D. Maugis: *J. Adhe.* **13**, 53 (1981).
26) J. A. Greenwood and K. L. Johnson: *Philos. Mag.* **43**, 697 (1981).

27) M. F. Tse and J. Adhe: *Sci. Technol.* **3**, 551 (1989).
28) M. L. Williams, R. F. Landel, and J. D. Ferry: *J. Am. Chem. Soc.* **77**, 3701 (1955).
29) K. L. Johnson: *ACS Symp. Ser.* **741**, 24 (2000).
30) M. Chyasnavichyus, S. L. Young, and V. V. Tsukruk: *Langmuir* **30**, 10566 (2014).
31) 中嶋健:『自己組織化マテリアルのフロンティア』(中西尚志編集代表) pp.75-81, フロンティア出版 (2015).
32) T. Kajiyama, K. Tanaka, I. Ohki, S.-R. Ge, J.-S. Yoon, and A. Takahara: *Macromolecules* **27**, 7932 (1994).
33) T. Igarashi, S. Fujinami, T. Nishi, N. Asao, and K. Nakajima: *Macromolecules* **46**, 1916 (2013).
34) 中嶋健:『動的粘弾性チャートの解釈事例集』pp.45-51, 技術情報協会 (2016).
35) K. J. Wahl, S. A. S. Asif, J. A. Greenwood, and K. L. Johnson: *J. Colloid Interf. Sci.* **296**, 178 (2006).

第 4 章

界面構造

4.1 局所コンフォメーション

4.1.1 異種固体界面

2章では,表面におけるホモポリマーの局所コンフォメーションについて学んだ.ここでは,石英基板上のPSの局所コンフォメーションについて考えてみる.

図4.1はスピンコート法および溶媒蒸発法により調製したPS膜のSFGスペクトルである[1].PS膜は石英基板に挟まれているため,シグナルは基板界面からしか発生しない.2章で述べたように,スピンコート膜においてフェニル基のC-H伸縮振動由来のシグナルが観測されており,フェニル基が石英界面においても配向することを示している.スピンコートでは,製膜時に分子鎖に遠心力が印加され,その結果,面内で配向する.したがって,PS側鎖のフェニル基も界面からある角度をもって配向することになる.フェニル基由来の振動モード ν_{7a} および ν_{20b} の強度比とシミュレーションの比較を行ったところ,フェニル基は法線方向から70°程度傾いて配向していた.

ウェットな薄膜形成プロセスにおいて,分子鎖は溶媒蒸発により非平衡性の強い状態で凍結される.非平衡度の程度は,溶媒蒸発速度に依存する.スピンコートの場合,溶媒は速やかに蒸発するため,分子鎖は基板と水平方向に引き伸ばされたコンフォメーションのまま凍結される.一方,溶媒キャスト法では,高分子溶液を基板上に滴下し,乾燥するのみである.この場合,溶媒蒸発速度が遅いため,分子鎖はスピンコート膜の場合と異なったコンフォメーションをとる.溶媒キャスト法で調製

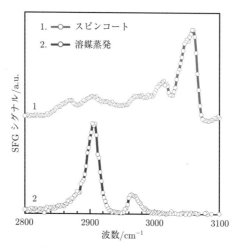

図 4.1 スピンコート法および溶媒蒸発法により調製した PS 膜の SFG スペクトル．試料は石英基板に挟まれており，シグナルは基板界面に存在する PS からのみ発生している．

出典：H. Tsuruta, Y. Fujii, N. Kai, H. Kataoka, T. Ishizone, M. Doi, H. Morita, and K. Tanaka: *Macromolecules* **45**, 4643 (2012).

した PS 膜の SFG スペクトルには，フェニル基由来のピークは観測されていない．製膜時に遠心力が印加されないだけでなく，溶媒蒸発に十分な時間があるため，分子鎖は基板界面で配向せず，ひいてはフェニル基も配向しない．一方，分子量の異なる試料や重水素化試料を用いることで，2800〜3000 cm^{-1} で観測された SFG ピークは分子鎖末端の基板界面濃縮に対応することが明らかとなっている．

固体内の分子鎖凝集状態は製膜方法に強く依存し，このことは界面でも同様である．このため，一般には，膜にバルクの T_g 以上の温度で熱処理を施すことで製膜履歴を取り除くことが試みられる．界面配向の熱処理効果を検討するため，スピンコート PS 膜に 393 K で 24 時間，423 K および 453 K で 3 時間熱処理を施した後，SFG 測定を行った．図 **4.2** はその結果である．用いた PS のバルク T_g は 375 K である．基板界面におけるフェニル基の配向は 453 K で熱処理を施した後にも観測されている．同様に，溶媒キャスト膜の界面凝集状態も 453 K の熱

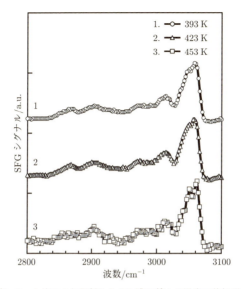

図 4.2 スピンコート法により調製した PS 膜に種々の温度で熱処理を施した際の SFG スペクトル．シグナルは基板界面に存在する PS からのみ発生している．

出典：H. Tsuruta, Y. Fujii, N. Kai, H. Kataoka, T. Ishizone, M. Doi, H. Morita, and K. Tanaka: *Macromolecules* **45**, 4643 (2012).

処理では変化していない．スピンコート PS 膜に 423 K で 6 日間（144 時間）熱処理を施すと，フェニル基由来のシグナル強度が弱くなった[2]．これらの結果は，基板界面近傍に存在する分子鎖はその熱運動性が著しく抑制されており，バルクの分子鎖が緩和する熱処理条件では緩和できないことを示している．界面領域における高分子鎖のガラス転移挙動については後述する．一方，PS 膜にその良溶媒であるトルエンの飽和蒸気下，数時間保持すると基板界面における分子鎖配向は容易に消失する．同手法は溶媒アニーリングと呼ばれ，ブロック共重合体におけるミクロ相分離状態の秩序性の制御法として広く利用されている[3]．

これまで，疎水的な高分子である PS を親水的な石英基板上に製膜した際の局所コンフォメーションについて議論してきた．基板界面における高分子の凝集状態への界面自由エネルギーの効果を検討することを

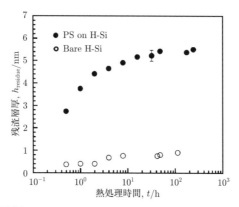

図 4.3 酸化層有無のシリコンウエハーに調製した PS 膜を 423 K で種々の時間熱処理し,トルエンで洗浄した際の残渣層厚.

出典:Y. Fujii, Z. Yang, J. Leach, H. Atarashi, K. Tanaka, and O. K. C. Tsui: *Macromolecules* **42**, 7418 (2009).

目的として,重水素化オクタデシルトリクロロシラン(d-OTS)で処理した石英表面を用いて同様の実験が行われている.ここで重水素化物の使用は,C-H 伸縮振動に関するシグナルを PS 鎖からの寄与に限定するためである.スペクトル形状は若干変化したものの,PS の局所コンフォメーションが調製法に依存するという結論は同じであった.比較的親水的な PMMA を用いた同様の実験も行われている.d-OTS 上の PMMA の局所コンフォメーションも調製法に依存したが,親水的な石英基板の場合,調製法に依存せず,側鎖が基板表面と相互作用するようなコンフォメーションであった.この結果は,分子鎖と基板の間に強い相互作用がある場合には,セグメントが基板と接触するとすぐに固定化されることを示唆している[4].

シリコンウエハー上に調製した PS 薄膜を良溶媒のトルエンで洗浄しても分子鎖の一部は基板上に残存することが知られている.Tsui らは,酸化層有無のシリコンウエハー上に調製した厚さ 200 nm の PS 膜に T_g 以上の 423 K で種々の時間熱処理を行い,トルエンで洗浄した際の吸着層の厚さを評価している.図 4.3 はその結果であり[5],吸着層の厚さは熱処理時間ならびに基板表面の化学状態に依存することが明

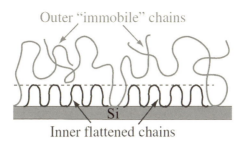

図 4.4 シリコンウエハーに吸着した PS 鎖のモデル.強く吸着した鎖と弱く吸着した鎖の 2 種が存在する.
出典:P. Gin, S. S. Jiang, C. Liang, T. Taniguchi, B. Akgun, S. K. Satija, M. K. Endoh, and T. Koga: *Phys. Rev. Lett.* **109**, 265501 (2012).

らかである.古賀らは,基板上には強固に吸着した鎖と弱く吸着した鎖の 2 種があること,また,吸着の駆動力はエンタルピー的要因であること,など詳細なメカニズムを提案している[6].図 4.4 は古賀らのモデルであり,弱く吸着した鎖を "outer immobile chain",強く吸着した鎖を "inner flatten chain" と呼んでいる.後者の基本的な考え方としては,古くから提案されてきたトレインとループからなる吸着鎖の構造モデルと一致している[7].

これまで,室温でガラス状態にある高分子の異種固体界面における凝集状態を考えてきたが,次に,ゴム状分子鎖の界面凝集状態について考える.ポリイソプレン (PI) の薄膜を石英基板上に調製し,架橋後,重水素化ヘキサン (n-ヘキサン-d_{14}) に浸漬すると膨潤する.図 4.5(a) は,大気および n-ヘキサン-d_{14} 中における架橋 PI 膜の中性子反射率 (NR) の散乱ベクトル (q) 依存性である[8].図中のシンボルは実験から得られた反射率であり,実線は図 4.5(b) に示したモデル散乱長密度 (b/V) プロファイルから計算した反射率である.ここで図 4.5(b) の横軸は基板界面からの距離を示している.架橋 PI 膜の乾燥膜厚は 71.0 nm であった.一方,n-ヘキサン-d_{14} 中においては,石英界面近傍にバルクとは異なる (b/V) の界面層が存在する多層モデルを用いた際に実験結果をよく再現した.このモデルでは,バルク層は良溶媒である n-ヘキサン-d_{14} 中で膨潤するのに対し,石英界面から数 nm 程度の

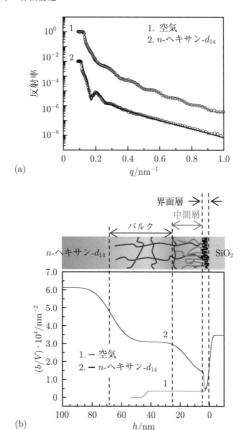

図 4.5 (a) 石英基板上に調製した架橋 PI 薄膜の空気中および重水素化 n-ヘキサン中での NR 曲線と (b) 実験結果を再現するためのモデル (b/v) モデルプロファイルならびに PI の n-ヘキサン中での凝集状態のモデル図.

出典:S. Shimomura, M. Inutsuka, N. L. Yamada, and K. Tanaka: *Polymer* **105**, 526 (2016).

距離までを占める界面層はほとんど膨潤していない.また,この界面層とバルク層をつなぐ 10〜20 nm 程度の中間層においても,膨潤度はバルク層のそれよりも低いことが明らかである.このような 2 種類の界面層については,上述した高分子ガラスにおける 2 種類の吸着層の存

在とも矛盾しない．

　高分子に無機フィラーを混練することで工業的な複合材料が調製されている．この際，分子鎖に無機フィラーと親和性の高い官能基である「変性基」を導入すると，材料としての特性が向上する．この事実を吸着鎖モデルに基づき考えると，界面での力学的な強度は，弱く吸着した鎖を如何に基板側に固定し，また，バルク鎖へつなげていくかが鍵となる[9]．これらガラス界面における吸着層と，上述したような「バウンドラバー」[10]との間に相関があるという見方も成り立つように思える．

4.1.2　液体界面

　PS の表面局所コンフォメーションについては2章で，また，異種界面の場合の結果については上述した．PS 膜の表面をその非溶媒であるメタノールやヘキサンと接触させても，SFG スペクトルにおける芳香環 C-H 領域のシグナル強度は変化する[11]．この結果は，非溶媒でも，膜最外層に存在する分子鎖の局所コンフォメーション，特に，フェニル基の配向を変化させることを示している．また，同様の結果は水（実際には重水）を用いた場合にも起こる．非溶媒による最外セグメントの局所コンフォメーション変化は PMMA によっても確認されていることから，普遍的な現象であると考えてよい．したがって，非溶媒との接触であれば，高分子の最外領域における構造は変化しないという考え方は極めて危険であるといえる．しかしながら，その程度は，溶媒種によって異なり，特殊な組み合わせ，たとえば，PS とヘキサン，PMMA とメタノールなどでは，膜は膨潤する．これらについては後述する．

4.2　密度分布

　高分子表面・界面領域における膜厚方向の密度分布に関しては，さまざまな議論が行われている．Wu らは NR 測定に基づき，空気界面における PMMA の密度分布を評価し，約 4.5 nm の深さにおける密度はバルク値の半分程度であると結論している[12]．また，Theodorou らはモンテカルロ法に基づくシミュレーションで，表面から 1 nm 程度の深さ範囲では密度が低下することを示している[13]．これらの報告は，膜

表面におけるダイナミクスがバルクと比較して速いことを考えると妥当であるように思える. Satija らは基板上に製膜した PS 薄膜の密度を膜の両側から中性子ビームを導入した反射率測定に基づき検討している[14]. その結果, 膜厚 6.7 nm の薄膜においてもその密度はバルク値と変わらないことを示しており, 上述の報告とは一致しない. また, 固体基板界面における密度分布に関してもさまざまな報告がある. 固体界面では分子鎖のパッキングに制約が出ることから, 密度が低下するという考え方もある. 一方, 固体基板と接触して動けないトレイン部のセグメントを基点としてループセグメントが基板に吸着していくとすれば, 十分なアニーリング後には, 密度が上昇することも不可能ではないようにも思える. 薄膜の厚さ方向の密度分布は表面および界面ダイナミクスと密接に関連しているため極めて重要であるが, その統一的見解には至っていないのが現状である. ここでは, 高分子と液相界面における密度分布を見てみる.

非溶媒界面における高分子膜の密度分布に関しても検討が行われている[15]. 図 4.6(a) は空気, 水, ヘキサンおよびメタノール界面における重水素化 PMMA (dPMMA) 膜の NR プロファイルである. また, 図中 1, 2, 3 および 4 の実線は, 図 4.6(b) に示したモデル (b/V) プロファイルから計算した反射率曲線である. PMMA は重水素化されているため, (b) の縦軸は PMMA 分率に比例すると考えてよい. 反射率の計算は, 試料が石英基板, dPMMA 膜, 空気, あるいは, 非溶媒からなる層構造を有するモデルに基づいている.

水界面では (b/V) 値の変化が空気界面と比較して緩やかである. また, 界面から dPMMA 側の 20 nm 付近まで (b/V) 値の低下した層が存在している. これは, 負の (b/V) 値を有する水分子が dPMMA 膜に収着したことを示している. したがって, 水界面近傍において PMMA セグメントの一部は水相側へ溶解し, また, 膨潤すると考えてよい. 膜内部においても (b/V) 値は若干低下している. この結果は, "PMMA は吸湿性が高い" という古くから知られた知見をよく反映している.

水界面で観測された溶解・膨潤層の存在は非溶媒界面における高分子に共通の振る舞いであるかを検証するため, PMMA と親和性の低いヘ

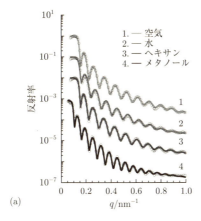
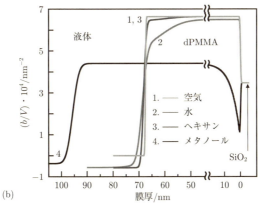

図 4.6 (a) 種々の環境下におかれた PMMA 薄膜の NR 曲線. 図中実線は (b) に示したモデル散乱長密度プロファイルに基づき計算したベストフィット曲線.

出典:K. Tanaka, Y. Fujii, H. Atarashi, M. Hino, and T. Nagamura: *Langmuir* **24**, 296 (2008).

キサンを用いて実験を行った. ヘキサン界面では, (b/V) 値の変化は空気界面と同様に急峻であるとともに水界面で見られたような膨潤層は観測されない. したがって, dPMMA 膜はヘキサンでほとんど膨潤しないといえる. さらに, 水がもつヒドロキシル基とヘキサンがもつメ

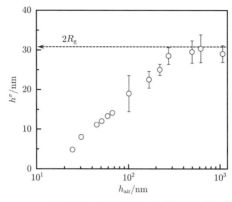

図 4.7 PMMA 薄膜において膨潤の速い表面層厚と初期膜厚の関係.
出典：K. Hori, H. Matsuno, and K. Tanaka: *Soft Matter* **7**, 10319 (2011).

チル基から構成されるメタノールを用いて実験を行った．dPMMA とメタノールとの界面厚は水を用いた場合と同様に広がっていた．また，膜内部において (b/V) 値は空気中と比較して著しく低下しており，メタノール分子が膜に収着したことは明らかである．dPMMA の分子鎖が非溶媒中に溶け出さないため，メタノールが収着すれば，膜は厚化する．興味深いことに，基板界面においても (b/V) 値が減少している領域，すなわち，メタノールの基板界面への濃縮層が観測されている．

一般に，メタノールは PMMA 中に Case II 拡散機構で浸入する．Case II 拡散では，拡散フロントとよばれる非溶媒分子の収着層がガラス状態にある高分子のセグメント運動を誘起しながら，膜中へ移動する．したがって，基板界面でメタノールの濃縮層が観測された事実は拡散フロントが基板界面まで到達していることを示しており，膜は平衡状態にあると考えてよい．いま，メタノール中にある PMMA 膜を，メタノール相および PMMA リッチ相に分離した系と考えると，Flory 理論に基づき，PMMA とメタノール間の相互作用パラメータ χ が求まる．系が平衡状態にあれば，液液相分離系だと考えることができ，ひいては，エタノールと PMMA の界面厚も χ で記述できる[16])．

メタノールが PMMA 膜に浸入する際の初期過程は，その後とは異

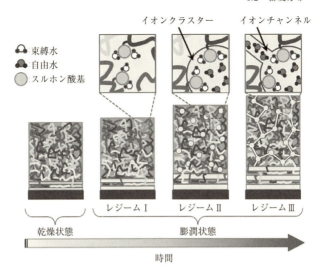

図 4.8 水収着に伴うナフィオン薄膜の凝集状態変化.
出典:Y. Ogata, D. Kawaguchi, N. L. Yamada, and K. Tanaka: *ACS Macro Lett.* **2**, 856 (2013).

なった動力学を示す.メタノールの速い初期浸入が膜表面領域の膨潤挙動に起因すると考えると,表面でダイナミクスが異なる深さ領域(厚さ,h^σ)が評価できる.図 4.7 は空気中で評価した PMMA の初期膜厚と h^σ の関係である[17].膜が薄くなるとダイナミクスが速い表面領域の厚さが薄くなることがわかる.この結果は,膜が薄くなると,表面でのダイナミクスが速い効果と界面での遅い効果が干渉し始めることを示しており,薄膜ダイナミクスでも同様の現象が観測されている[18].

ナフィオンはプロトン伝導性および耐久性に優れた高分子電解質であり,固体高分子形燃料電池(PEFC)のプロトン交換膜として使用されている.ナフィオンの優れた電気化学的特性は湿潤環境下で発現するため,ナフィオンの膨潤状態ならびに水収着ダイナミクスを理解することは重要である.また,PEFC の集積化に向けて,ナフィオンの薄膜化が強く望まれている.ナフィオン薄膜への水の収着に及ぼす表面・界面効果も反射率測定により評価できる.銀基板に調製したナフィオン薄膜では,基板界面に単層の水和層が形成されていた.一方,石英基板に調

製したナフィオン薄膜では，多層構造が形成される．これらの界面水和構造はその後のプロトン伝導と密接に関連している．また，薄膜中への水収着は，スルホン酸基への水和，球状イオンクラスターの形成，これらのブリッジングによるネットワーク構造の形成を経て達成される．図 **4.8** はナフィオン薄膜の膨潤挙動のモデルである．各段階における水分子の拡散係数も求められている[19]．

4.3 界面拡散と界面厚

異種高分子界面における密度分布は理論的にも実験的にも古くから検討されている[20,21]．図 **4.9** は異種高分子界面における密度分布の模式図である．いま，図のように界面厚を L と定義すると，弱い相分離系では

$$L = \frac{2}{3} N^{1/2} a \left(1 - \frac{T}{T_c}\right)^{-1/2} \tag{4.1}$$

となる．ここで N および a はそれぞれ重合度およびセグメント長で成分の種類に依存しないと仮定している．また，T および T_c は温度と臨界温度である．また，$\chi N \gg 2$ のような強い相分離系では

$$L = k \cdot a \chi^{-1/2} \tag{4.2}$$

となる．ここで k は係数である．k の値については，研究者間で若干の差異が認められるが，L が χ の $-1/2$ 乗で与えられることは合意が得られている．

平衡状態における A 成分の濃度プロファイル $\phi_A(z)$ は $\tanh(z/l)$ で与えられ，

$$L = k \cdot a \chi_c^{-1/2} \left(\frac{\chi}{\chi_c} - 1\right)^{-1/2} \tag{4.3}$$

となる．ここで z は界面に垂直方向の距離で，χ_c は臨界点における χ である．強い相分離系において，L は $(a/3)(2/\chi)^{-1/2}$ で与えられ，重合度に無関係となる．異種高分子界面における膜厚方向の密度分布，す

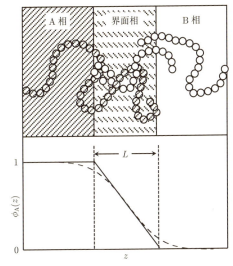

図 4.9 高分子/高分子界面層のモデル．

なわち，界面は主に NR[22]，DSIMS[23] や偏光解析[24] 測定に基づき評価されている．

相溶系ポリマー界面では，界面の混合層厚み λ は界面における相互拡散によって熱処理時間とともに増大する．一般的に界面における濃度プロファイル ϕ は次のフィック則に従う．

$$\frac{\partial \phi}{\partial t} = \frac{\partial}{\partial x}\left[D(\phi)\frac{\partial \phi}{\partial x}\right] \tag{4.4}$$

ここで x は界面からの距離である．拡散係数 D が定数の場合は，よく知られた拡散方程式となり比較的容易に解くことができるが，D が濃度 ϕ の関数となる場合には解析的な解を導くことは困難になる．

高分子の拡散では，混合エントロピーが重合度 N に対して N^{-1} のようにスケールするため，エントロピーが拡散の駆動力にはならない．これが高分子が強く偏斥する理由でもある．一方，相互作用項 $\chi\phi(1-\phi)$ が拡散を加速する場合があることも知られている[25]．負の χ パラメータをもつポリ塩化ビニル（PVC）とポリカプロラクタン（PCL）の組み合わせで調べられた拡散係数が

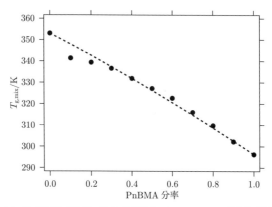

図 **4.10** PnBMA/PVC ブレンド試料の T_g の PnBMA 質量分率依存性.

$$D \simeq \phi(1-\phi) \tag{4.5}$$

のようにスケールすることが実験的にも確認されている[26]).

本節では,このような相溶系の界面における相互拡散現象を AFM を用いて調べた研究例について紹介する[27]).ポリ-n-ブチルメタクリレート(PnBMA: M_w=330000, M_w/M_n=2.05, T_g=296.4 K)と PVC (M_w=62000, M_w/M_n=1.77, T_g=353.2 K)との組み合わせを対象とした.この組み合わせは全組成で相溶であり,図 **4.10** に示したように示差走査熱量(DSC)測定では全組成で単一の T_g を与える.図中の破線は次式で表される Gordon-Taylor 式[28]) によるフィッティング結果で,フィッティングパラメータ $k_G = 1.12$ であった.

$$T_{g,mix} = \frac{\phi T_{g,PnBMA} + k_G(1-\phi)T_{g,PVC}}{\phi + k_G(1-\phi)} \tag{4.6}$$

ここで ϕ は PnBMA の質量分率である.各組成比のブレンド試料をガラス基板上にスピンコートした試料も用意し,3.1 節で説明した AFM による弾性率計測を行った.結果を図 **4.11** に示す.弾性率はどの試料もおおよそ均一で,PnBMA の質量分率 ϕ に対して次式のように線形の関係にあり,式 (4.7) に対するフィッティングの結果として $E_{PVC} = 3.15\,\mathrm{GPa}$,フィッティングパラメータ $k_M = 2.49\,\mathrm{GPa}$ を得た.

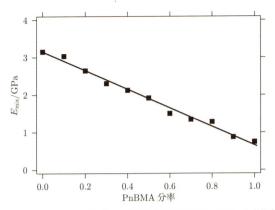

図 4.11 PnBMA/PVC ブレンド試料の弾性率の PnBMA 分率依存性.

$$E_{\text{mix}} = \phi E_{\text{PnBMA}} + (1 - \phi) E_{\text{PVC}}$$
$$= E_{\text{PVC}} + (E_{\text{PnBMA}} - E_{\text{PVC}})\phi = E_{\text{PVC}} - k_{\text{M}}\phi \quad (4.7)$$

相互拡散現象を調べるために，PnBMA および PVC それぞれのテトラヒドロフラン（THF）溶液からキャスト膜を用意した．基板は清浄なガラス基板で厚みは 0.5 mm とした．残留溶媒を十分除去後にガラス基板から剥離し，それぞれのガラス基板との接触面側を室温で固着させた．ガラス基板との接触面は別途タッピングモード AFM で観察を行ったが，表面ラフネスは 1 nm のオーダーであった．次にその固着させた試料を所定の温度で，真空オーブン中で加熱し，界面層を形成させた．界面を AFM で観察するために，固着面に対して垂直にウルトラミクロトームで面出しを行った．切削温度は 173 K に設定した．図 4.12(a) に弾性率像を示す．画像左が PnBMA，右が PVC に対応する．また式 (4.7) から逆算することで図 4.12(a) の弾性率像を PnBMA 分率像に変換したものが図 4.12(b)，その断面プロファイルが図 4.12(c) である．熱処理時間の短い拡散初期に対して得られたこの断面プロファイルは，通常のフィック則の帰結として，以下の関数でフィッティングが可能であった．

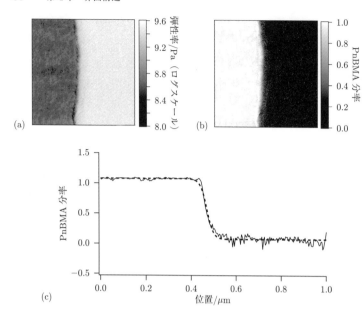

図 4.12 PnBMA/PVC 界面のフォースマッピングモード AFM 画像. 走査範囲は 1.0 μm. (a) 弾性率像, (b) PnBMA 分率像, (c) (b)の断面プロファイル.

$$\phi(x) = \phi_0 + \phi_1 \tanh\left(\frac{x - x_0}{\lambda}\right) \tag{4.8}$$

界面の混合層厚み $\lambda = 29.0$ nm であった.

図 4.13 に示したのは (a) 拡散中期, (b) 後期の断面プロファイルである. 拡散中期はまだフィック則で記述できる現象が続いており, $\lambda = 79.8$ nm であった. ここまでのデータについては, λ を熱処理時間 t に対してプロットすれば

$$\lambda = 2\sqrt{Dt} \tag{4.9}$$

から拡散係数 D を算出できる. さらに異なる熱処理温度に対して D をプロットすることによって活性化エネルギーが求められる. より興味深いのは拡散後期で, 単純なフィック則には全く従わない断面プロファイルが得られている. 図 4.13 の破線から得られる結果は $\lambda = 204$ nm

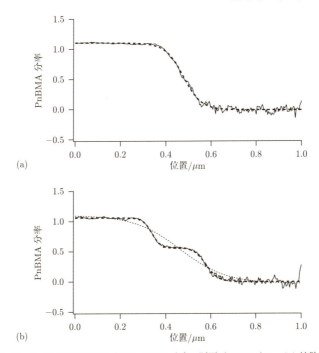

図 4.13 PnBMA/PVC 界面の PnBMA 分率の断面プロファイル．(a) 拡散中期と (b) 拡散後期．

であり，確かに界面領域の厚みは増加しているが，その領域の中央に分率が一定となる領域 ($\phi = 0.57$) が存在する．その領域を挟んで PnBMA 側および PVC 側で，式 (4.8) でフィッティングすると（図の破線），それぞれ $\lambda = 39.7$ nm，$\lambda = 54.9$ nm が得られる．なぜ，このようなプラトー領域が得られるのだろうか．式 (4.5) に示した拡散係数の濃度依存性を思い出していただきたい．拡散係数は $\phi = 0.5$ 付近で最大になることがわかる．その結果プラトー付近では拡散が加速され，組成が一定の領域が形成される．同様のプラトー領域は PMMA/スチレン—アクリロニトリルランダムコポリマー（SAN）の系でも見出されており，エネルギーフィルター透過電子顕微鏡（EFTEM）で解析が行われている[29]．AFM の物性マッピングは図 4.11 のような検量線

が描けるのであれば，画像を濃度像に変換できる．TEM で染色ができないような試料にも応用可能なので，相補的に利用すれば界面領域の形成メカニズムについて豊富な議論を展開できることになる．

4.4 複合材料界面

「高分子ナノ物性」が材料の特性に重要な役割を演ずる一つの事例が，本節で紹介するフィラーとポリマーの界面の構造・力学物性である．CB によるゴムの補強が発見された 1904 年[30]から 100 年以上経つ今日でも，この補強メカニズムにはまだ未解明な部分がある．材料開発の現場では界面制御が所望の材料物性を得るための道標となっているケースが非常に多いにもかかわらず，経験と勘に頼っているのが現状であり，補強メカニズムの解明は喫緊の研究テーマである．これまで多くの研究者たちがこの問題に取り組んできており，当然そのベールはかなりの程度剝がされてきているが，特にフィラー／ポリマー間のナノメートルオーダーの界面領域を舞台とする現象がマクロ物性とどのように相関しているのかということは，真の意味で理解されているとは言い難い．そこで本節では基本に立ち返り，界面領域というものをどのように評価すればよいかということについて，これまでにも何度か取り上げている AFM によるアプローチを紹介する[31]．

ここで紹介する研究対象はジクミルパーオキサイド（PO）で架橋したシス含量 98% の IR ゴムである．CB は HAF グレードで各々 0, 10, 30, 50 phr 充塡したものを試料とした．図 **4.14** に示したのは引張り試験から求めた各試料の補強効果，すなわち CB 未充塡ゴムとの初期弾性率（ヤング率）比である．このグラフの理解には Einstein の粘度式にその起源がある Guth-Gold 式を用いる[32]．

$$\frac{E^*}{E} = 1 + 2.5f\phi + 14.1(f\phi)^2 \tag{4.10}$$

ここで E^*, E はそれぞれフィラー充塡ゴム，未充塡ゴムの弾性率で，ϕ がフィラーの体積分率である．オリジナルの Guth-Gold 式（図 4.14 の破線）は補正因子 $f=1$ に対応し，変数として ϕ しか含まれないため，ϕ が決まると補強効果が一意に決まってしまうという問題点があ

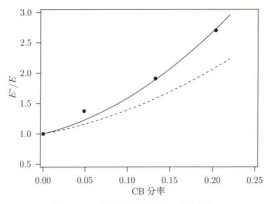

図 4.14 CB 補強架橋 IR の補強効果.

った．図からわかるように，今回の実験結果を再現できておらず，実際には同じ体積分率でも CB の一次粒子径が変われば補強効果が変わるという経験的によく知られた事実を議論できない．そこで続いて複数の修正式が提案され，その一つが f を含む上式になる．この修正式の場合は CB に強く吸着したゴム（バウンドラバー）を CB と同様に扱う．その際の補正因子として f が導入されている．図 4.14 に示した実線は f をフィッティングパラメータとして実験データにフィッティングした結果で，$f = 1.34$ を得た．CB の粒子半径を 15 nm と仮定すると，$d = 1.5$ nm のバウンドラバー層があるという解釈でこの値を再現することができる．しかし，バウンドラバーとはいえ，それは CB と全く同じなのだろうか．界面を界面として正しく評価することはできないのだろうか．

図 4.15 に CB を 30 phr 配合した架橋 IR のフォースマッピング AFM 像を示す．走査範囲は 1.0 μm である．図 4.15(a) が弾性率像（ログスケール），(b) が 3 章の式 (3.9) で定義したフォースディスタンスカーブ押し込み過程での最大凝着力像である．どちらの画像にも CB に相当する粒状の構造が見えるが，(b) の方がよりはっきりとコントラストが得られている．最も凝着力の低いのが CB 領域に対応すると考えて間違いないだろう．IR マトリックス上での凝着力はそれよりも大

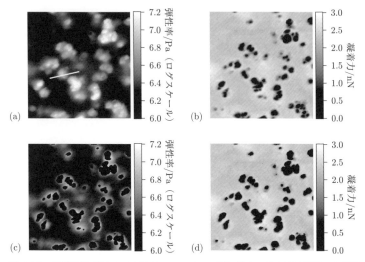

図 4.15 CB 充填（30 phr）IR のフォースマッピングモード AFM 画像．走査範囲は 1.0 μm．(a) 弾性率像，(b) 最大凝着力像，(c)(d) それぞれの画像にマスクを施したもの．

きい．そのような目で (a) を見ると，CB 領域は最も弾性率が高く，ゴムマトリックス領域の弾性率は 2 MPa 程度（ログスケールで 6.3 程度）であることがわかる．この試料の CB の充填量は 30 phr なので，体積分率に換算すると $\phi_{CB} = 0.133$ である．そこで弾性率なら値の高い方から，凝着力なら値の小さい方から画像にマスクをかけ，画像全体の 13.3% の領域が CB 領域だと断定してみることにする．マスクをかけた画像がそれぞれ図 4.15(c) と (d) である．非常に興味深いことに (d) のマスク部分はほぼ完全に凝着力の低い領域をカバーしている．凝着力像が化学構造の抽出に役立つという議論は 2.4 節でも行った．一方，(c) では弾性率が 5.2 MPa（ログスケールで 6.7 程度）より高い部分にマスクがかかることとなったが，凝着力との違いは高弾性率部分を完全にはマスクしきれていないということである．

そのことは図 4.15(a) の白線部分の断面プロファイル（図 4.16）からもわかる．図 4.16 の一点鎖線が 5.2 MPa に相当するが，その線よりも上が CB 領域ということになる．その部分の幅は約 70 nm で，HAF

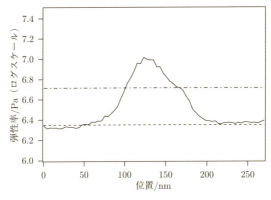

図 4.16　図 4.15(a) 白線部分の断面プロファイル.

CB2個分に相当するサイズで妥当である．しかし，CB 領域の弾性率は最も高いところでも 10 MPa 程度で，CB の真の弾性率を表してはいない．これはゴム領域を観察するのに適したカンチレバーバネ定数（0.6 N/m 程度）を選定したことにも原因の一端があるが，より本質的には，軟らかいゴムに"浮かんでいる"硬い粒子の弾性率はこの手法では決して計測できないことを意味している．より重要なのは，この一点鎖線より弾性率が低く，ゴムの弾性率（この図の場合は 2.0 MPa：破線）に至るまでの部分が界面領域となるということである．界面の厚みは 40～50 nm 程度というところである．このように力学的界面は従来パルス法 NMR などを用いて議論されてきた数 nm のバウンドラバー層[10] の厚みとは異なるようである．そして中間の弾性率をもつ界面領域は，その弾性率値もなだらかに変化しており，決して「相」として認定できるものではないといえる．

図 4.17 に示したのは 50 phr の CB を配合した試料の弾性率像をもとに 3 値化した画像である．走査範囲は 3.0 μm であった．50 phr に相当する $\phi_{CB} = 0.204$ の部分は CB 領域として黒色でマスクしている．白色のゴムマトリックスと灰色の界面領域の境は次のように定める．元々の弾性率像から位置情報を捨象し，ヒストグラム化したものを図 4.18 に示す．未充塡ゴムの弾性率ヒストグラムはおよそ正規分布

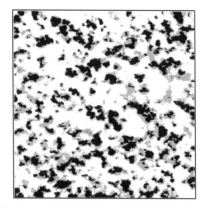

図 4.17 CB 充填(50 phr)架橋 IR のフォースマッピングモード AFM 測定から得られる弾性率像を 3 値化したもの.走査範囲は 3.0 μm.

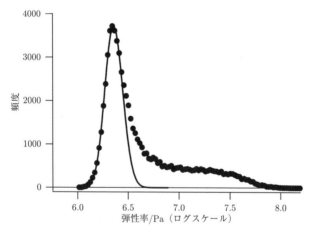

図 4.18 図 4.17 の元画像である弾性率像から取得した弾性率ヒストグラム.

でフィットできるカーブを描く[33]. 一方,図 4.18 のフィラー充填ゴムのゴムマトリックス部分の弾性率は対数正規分布となる場合が多い.この現象自身が興味深い研究対象となりうるが,ここではその結果のみ用いることとして,図 4.18 のように低弾性率側のピークをログノーマル関数でフィッティングする.このフィッティングカーブで囲まれた面

表 4.1　AFM による CB 充填 IR 解析結果.

	ϕ_{CB}	ϕ_{M}	ϕ_{IF}	f_{AFM}	ϕ_{M}^{*}	ϕ_{IF}^{*}
10 phr	0.048	0.727	0.225	5.62	0.764	0.236
30 phr	0.133	0.472	0.395	3.97	0.545	0.455
50 phr	0.204	0.559	0.237	2.16	0.702	0.298
50 phr (300%)	0.204	0.350	0.446	3.19	0.439	0.561

	E_{M}	E_{IF}	E_{A}	E_{S}	E_{P}
10 phr	1.00	1.93	1.22	1.13	1.22
30 phr	1.99	2.92	2.49	2.33	2.41
50 phr	2.38	4.98	3.15	2.81	3.15
50 phr (300%)	4.66	14.2	10.0	7.48	10.0

弾性率の単位は MPa.

積からゴム領域の体積分率 ϕ_{M} を求めることができる．この図の場合，$\phi_{\mathrm{M}} = 0.560$ であった．ϕ_{CB} と ϕ_{M} が求まったので，ここから界面領域の体積分率 $\phi_{\mathrm{IF}}(= 0.236)$ が決まる．その比率で 3 値化を行ったのが図 4.17 である．

修正 Guth-Gold 式の補正因子 f を AFM 画像から推定できないだろうか．f についての考え方から

$$f_{\mathrm{AFM}} = \frac{\phi_{\mathrm{CB}} + \phi_{\mathrm{IF}}}{\phi_{\mathrm{CB}}} \tag{4.11}$$

と書ける．図 4.17 の場合，$f_{\mathrm{AFM}} = 2.16$ であった．この値は図 4.14 の $f = 1.34$ とはかなり異なっている．また CB，ゴム，界面の領域がそれぞれ決まったので，ゴム領域・界面領域の弾性率の（算術）平均値も計算できる．それぞれの値を E_{M}，E_{IF} とする．

ここまでで定義した ϕ_{CB}，ϕ_{M}，ϕ_{IF}，E_{M}，E_{IF} を，10，30，50 phr の試料に対して解析した結果を表 4.1 にまとめる．また弾性率については図 4.19 にも示してある．これらの結果から幾つか Guth-Gold 式に修正を迫ることが必要であることがわかる．すでに述べたように，f_{AFM} は巨視的な f とは全く異なる．界面領域にはゴムマトリックス

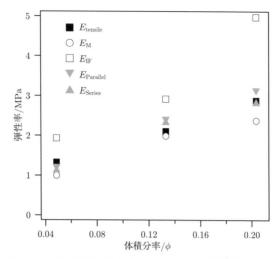

図 **4.19** CB 充填量の異なる IR についての各種弾性率の比較.

の弾性率に推移する,ぎりぎりの境界までが含まれていることから,大きな f_{AFM} が ϕ_{IF} を過大評価した結果であることは否めない.しかし,値の齟齬は決して看過できないものである.CB 充填量が異なると f_{AFM} が変化することも注目に値する.

さらに興味深いのは,マトリックス弾性率 E_M が CB 充填量に伴って増大していることである.式 (4.10) で左辺は未充填ゴムの弾性率で規格化している.すなわち,これらの補強の式はマトリックスの物性に変化があることは想定していないのである.巨視的な引張り試験だけでは想像しようもないことであり,AFM フォースマッピングの真骨頂ともいうべき結果である.なお引張り試験で求めた弾性率をそれぞれの E_M で除した値は 1.33,1.79,1.21 となった.$f = 1.34$ と完全に一致はしないが,f_{AFM} による評価よりは的を射ているかもしれない.結論を急ぐ段階ではないが,「E_M を考慮すれば Guth-Gold 式で補強効果は十分説明でき,補正因子 f は不要である」といえるかもしれない.

Guth-Gold 式はフィラーの体積効果を取り入れた式である.フィラーを充填したことによって,巨視的な変形が同じでもフィラーは変

形しないため,その分ゴム部分がより多く伸長されることを意味している.同様の考え方に基づき,補強効果をもっと単純に加成性で説明できないだろうか.図 4.19 には巨視的弾性率 E_tensile,AFM で求めた E_M,E_IF に加え,別の 2 つの弾性率値を追加している.E_M では E_tensile を説明するのには足りない.E_IF では大きすぎる.そこで直列モデルによる弾性率 E_Series と並列モデルによる弾性率 E_Parallel を以下のように定義する.

$$E_\text{Series} = \left(\frac{\phi_\text{M}^*}{E_\text{M}} + \frac{\phi_\text{IF}^*}{E_\text{IF}} \right)^{-1} \tag{4.12}$$

$$E_\text{Parallel} = \phi_\text{M}^* E_\text{M} + \phi_\text{IF}^* E_\text{IF} \tag{4.13}$$

ただし,

$$\phi_\text{M}^* = \frac{\phi_\text{M}}{\phi_\text{M} + \phi_\text{IF}}, \quad \phi_\text{IF}^* = \frac{\phi_\text{IF}}{\phi_\text{M} + \phi_\text{IF}} \tag{4.14}$$

である.今回の実験範囲では E_Series と E_Parallel に大きな違いはない(常に $E_\text{Series} < E_\text{Parallel}$).しかし,それぞれの値が E_tensile をある程度説明できているように見える.いずれにしても我々は局所的な弾性率,特に界面の弾性率を実験数値として手にできるようになったわけである.フィラー充塡ゴムに限らず,このような議論を行うことでナノの世界とマクロの世界を繋いでいければよいと思う.「高分子ナノ物性」を研究する意義はそこにある.同様の議論はプラスチック材料や熱可塑性エラストマーなどにも展開可能である[34].

図 4.20 に CB を 60 phr 配合した架橋 IR の AFM フォースマッピングによる最大凝着力像を示す.走査範囲は 3.0 μm である.この試料は上記の一連の試料とは異なるレシピで作られたものであるが,界面がより発達しているのがわかる.もはや元々のゴムの物性を示す部分はほとんどない.界面領域,すなわちゴムを構成するポリマーとフィラーの相互作用がマクロな物性を支配している.界面がいかに重要であるかを物語る一例である.

伸長下にある試料を同じ手法で観察することもできるのが AFM の利点である.伸長 CB 充塡 IR に対して行った結果からは非常に示唆に

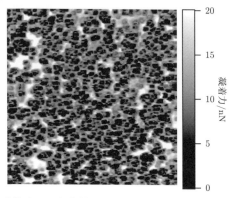

図 4.20　CB 充填（60 phr）架橋 IR のフォースマッピングモード AFM 測定から得られる凝着力像. 走査範囲は 3.0 μm.

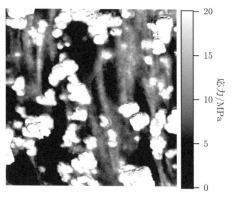

図 4.21　300% 伸長下にある CB 充填（50 phr）架橋 IR の応力分布像. 走査範囲は 1.1 μm.

富む結果が得られる. 図 4.21 に 50 phr 配合試料を 300% 伸長させた状態で観察した結果を示す. 伸長下にある試料に対するものなので, 3 章で解説した JKR 理論を適用した同じ解析手順で解析しているのではあるが, もはや弾性率とは呼べず, 応力分布図とでも呼ぶべきものになる. 応力値は全体的に高い値にシフトしており, さらに興味深いのは未伸長時には見られなかった引張り方向に平行（図では上下方向）な筋状の応力鎖が可視化されているということである. 明らかにこの部

分は元々はゴムマトリックスであった部分であり,引張りによって不均一性が増大していることが見てとれる.表 4.1 にも示しているように $f_{\mathrm{AFM}} = 3.19$ で,未伸長時の $f_{\mathrm{AFM}} = 2.16$ と比較しても大きな値となっている.未伸長時には f_{AFM} は CB を取り囲む界面領域の比率を示すものであったが,この場合には界面に加えてこれらの領域も含まれている.

注意深く観察すると,これらの筋が CB を起点として伸びているようにも見える.この画像は深堀がスーパーネットワーク構造と呼ぶ構造に大変酷似している[35].またスケールは少し異なるのかもしれないが,五十野のブリッヂフィラー網目にも似ている[36].これらの概念は,それぞれ巨視的な力学物性計測に基づいて提案されたモデルであったが,それが微視的に傍証できた事例がこの図 4.21 なのではないかと推察している.

ナノスケールでは構造・物性の不均一という新たな軸が明確に現れる.その不均一を相手に研究を進めないと本質を見誤る可能性がある.

参考文献

1) H. Tsuruta, Y. Fujii, N. Kai, H. Kataoka, T. Ishizone, M. Doi, H. Morita, and K. Tanaka: *Macromolecules* **45**, 4643 (2012).
2) M. Sen, N. Jiang, J. Cheung, M. K. Endoh, T. Koga, D. Kawaguchi, and K. Tanaka: *ACS Macro Lett.* **5**, 504 (2016).
3) K. Fukunaga, H. Elbs, R. Magerle, and G. Krausch: *Macromolecules* **33**, 947 (2000).
4) M. Inutsuka, A. Horinouchi, and K. Tanaka: *ACS Macro Lett.* **4**, 1174 (2015).
5) Y. Fujii, Z. Yang, J. Leach, H. Atarashi, K. Tanaka, and O. K. C. Tsui: *Macromolecules* **42**, 7418 (2009).
6) P. Gin, S. S. Jiang, C. Liang, T. Taniguchi, B. Akgun, S. K. Satija, M. K. Endoh, and T. Koga: *Phys. Rev. Lett.* **109**, 265501 (2012).
7) J. M. H. M. Scheutjens and G. J. Fleer: *J. Phys. Chem.* **84**, 178 (1980).
8) S. Shimomura, M. Inutsuka, N. L. Yamada, and K. Tanaka: *Polymer* **105**, 526 (2016).
9) S. Shimomura, M. Inutsuka, K. Tajima, M. Nabika, S. Moritomi, H.

Matsuno, and K. Tanaka: *Polymer J.* **48**, 949 (2016).
10) T. Nishi: *J. Polym. Sci. B, Polym. Phys.* **12,** 685 (1974).
11) A. Horinouchi, N. L. Yamada, and K. Tanaka: *Langmuir* **30**, 6565 (2014).
12) W. L. Wu, W. J. Orts, J. H. van Zanten, and B. M. Fanconi: *J. Polym. Sci. B: Polym. Phys.*, **32**, 2475 (1994).
13) K. F. Mansfield and D. N. Theodorou: *Macromolecules* **23**, 4430 (1990).
14) W. E. Wallace, N. C. B. Tan, W. L. Wu, and S. Satija: *J. Chem. Phys.* **108**, 3798 (1998).
15) K. Tanaka, Y. Fujii, H. Atarashi, M. Hino, and T. Nagamura: *Langmuir* **24**, 296 (2008).
16) H. Atarashi, H. Morita, D. Yamazaki, M. Hino, T. Nagamura, and K. Tanaka: *J. Phys. Chem. Lett.* **1**, 881 (2010).
17) K. Hori, H. Matsuno, and K. Tanaka: *Soft Matter* **7**, 10319 (2011).
18) T. Miyazaki, K. Nishida, and T. Kanaya: *Phys. Rev.* E **69**, 061803 (2004).
19) Y. Ogata, D. Kawaguchi, N. L. Yamada, and K. Tanaka: *ACS Macro Lett.* **2**, 856 (2013).
20) E. Helfand and Y. Tagami: *J. Chem. Phys.* **56**, 3592 (1972).
21) T. Nose: *Polymer J.* **8**, 96 (1975).
22) H. Fujii, H. Atarashi, M. Hino, T. Nagamura, and K. Tanaka: *ACS Appl. Mater. Interfaces* **1**, 1856 (2009).
23) K. Niihara, U. Matsuwaki, N. Torikai, H. Atarashi, K. Tanaka, and H. Jinnai: *Macromolecules* **40**, 6940 (2007).
24) S. Ata, K. Kuboyama, K. Ito, Y. Kobayashi, and T. Ougizawa: *Polymer* **53**, 1028 (2012).
25) J. Klein: *Science* **250**, 640 (1990).
26) M. A. Parker and D. J. Vesely: *Polym. Sci., Polym. Phys.* **24**, 1869 (1986).
27) D. Wang, X. Liang, T. P. Russell, and K. Nakajima: *Macromolecules* **47**, 3761 (2014).
28) M. Gordon and J. S. J. Taylor: *Appl. Chem.* **2**, 4938 (1952).
29) Y. G. Liao, A. Nakagawa, and S. Horiuchi: *Macromolecules* **40**, 7966 (2007).
30) L. R. G. Treloar: "The Physics of Rubber Elasticity", Oxford University Press (1975).
31) 中嶋健，伊藤万喜子，梁暁斌：接着の技術，**35**, 13 (2016).
32) E. Guth: *J. Appl. Phys.* **16**, 20 (1945).
33) K. Nakajima, H. Liu, M. Ito, and S. Fujinami: *J. Vac. Soc. Jpn.* **56**, 258 (2013)

34) 中嶋健：『第三・第四世代ポリマーアロイの設計・制御・相容化技術』pp.243-251, S&T 出版 (2016).
35) Y. Fukahori: *J. Appl. Polym. Sci.* **95**, 60 (2005).
36) 五十野善信：日本ゴム協会誌, **86**, 106 (2013).

第 5 章

界面物性

5.1 異種固体界面

5.1.1 モデル界面

4章において,無機固体界面と接触した高分子鎖はバルクと同じ熱処理条件で緩和しないことを見てきた.この結果は,高分子鎖が異種固体と接触するとそのダイナミクスが著しく遅くなることを示している.ここでは,無機固体界面における高分子の T_g の評価方法と測定例について見てみる.

高分子と基板からなる界面に光を基板側から入射する.この際,基板が高分子よりも大きな屈折率を有し,かつ,入射角 θ_T (ここでは法線からの角度として定義) が臨界角 $\theta_{T,c}$ よりも大きな場合は,入射光は界面で全反射を起こす.このとき,界面の高分子側には電場強度が指数関数的に減衰する"エバネッセント光"が生じる.これは,赤外吸収分光 (IR) 測定における減衰全反射 (ATR) 測定と同じである.ATR-IR の場合,エバネッセント波の染み込み深さは数百 nm〜μm 程度であるが,波長,屈折率および光の入射角を制御することで染み込み深さを数十 nm 程度まで小さくすることができる.高分子に蛍光プローブを極低濃度で分散,あるいはラベル化しておけば,エバネッセント波を用いることで界面近傍の蛍光ダイナミクスが評価可能となり,ひいては,界面に存在する高分子の熱運動性が検討できる.図 **5.1**(a) はその概念図である[1].

高屈折率ガラス,S-LAH79,上に調製した蛍光標識化 PS 膜からの蛍光寿命 τ_f を温度の関数として検討した.PS の M_n は 53.4 k であり,蛍

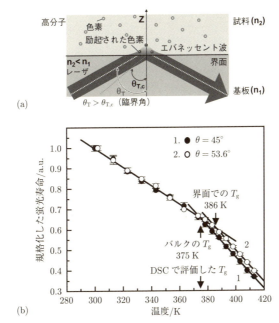

図 5.1 (a) 無機固体基板と高分子膜の界面に光を入射した際の模式図. (b) PS 膜中に分散した色素からの蛍光寿命と測定温度の関係. $\theta_T = 45°$ の場合, 励起光は試料全体を通過するためバルクの情報が, また, $\theta_T = 45°$ の場合, 励起光は界面で全反射を起こすため, 界面の情報が得られる.

出典:K. Tanaka, Y. Tsuchimura, K. Akabori, F. Ito, and T. Nagamura: *Appl. Phys. Lett.* **89**, 061919 (2006).

光色素には 6-(N-(7-nitrobenz-2-oxa-1,3-diazol-4-yl)amino) hexanoic acid (NBD) を用いている. $\theta_{T,c}$ はスネルの法則から算出し, 51.3° であった. 図 5.1(b) は θ_T を 45° および 53.6° とした際の τ の温度依存性である[2]. $\theta_T = 45°$ の場合, 励起光は膜全体を透過するため, バルクの情報が得られる. 蛍光寿命は室温における値で規格化している. 蛍光寿命は温度上昇とともに単調に短くなり, その勾配は 375 K で変化した. 375 K での勾配の変化はプローブ分子を取り巻く動的な環境が変化したことを示唆しており, DSC で評価した PS のバルク T_g とよく一致している. それゆえに, プローブ分子 NBD の蛍光寿命を温度

の関数として測定することでマトリックス高分子の T_g を評価できるといえる.

θ_T が $53.6°$ の場合, 励起光は基板界面で全反射する. このとき, 界面近傍に存在する NBD はエバネッセント波によって選択的に励起される. 界面近傍の蛍光寿命も温度上昇とともに単調に短くなり, ある温度でその勾配が変化した. 勾配の変化する温度を基板界面の T_g と定義すると, 386 K となり, バルク T_g よりも高い. この結果は界面近傍に存在する分子鎖の熱運動性は膜内部と比較して抑制されることを示している.

界面近傍の T_g はエバネッセント波を励起光として用いることで評価できた. 次にその分析深さ d 依存性について検討する. エバネッセント波の染み込み深さを d_p とすると, d_p は

$$d_\mathrm{p} = \lambda_\mathrm{o}(\sin^2\theta_\mathrm{T} - \sin^2\theta_\mathrm{T,c})^{-1/2}/2\pi n \tag{5.1}$$

で与えられる. ここで λ_o および n は励起光の波長と屈折率である. 実際には d_p よりも界面からの深さと電場強度 I_ev の関係が重要である.

$$I_\mathrm{ev} = I_\mathrm{ev,o} \cdot \exp(-2z/d_\mathrm{p}) \tag{5.2}$$

z および $I_\mathrm{ev,o}$ は, それぞれ界面からの距離および界面における電場強度である. d を I_ev が $I_\mathrm{ev,o}/e$ となるときの z と定義すると, $d = d_\mathrm{p}/2$ である. 本項で紹介する実験で到達できた最小の d 値は $\mathrm{LiNbO_3}$ 界面において $\theta_\mathrm{T} = 74°$ とした場合の 22.4 nm であった. この値は分子鎖熱運動性の勾配が存在する深さ領域より大きいと予想される. しかしながら, エバネッセント波の電場強度は界面で最も強く, 膜内部方向に指数関数的に減衰するため, 本実験で得られた結果は界面近傍における分子鎖熱運動性を反映していると考えてよい. 図 **5.2** の d を実空間に変換するためには, 横軸を電場強度でデコンボリュートするなどの操作が必要となる. また, 粗視化分子動力学計算などの比較なども有力な手法である[2].

d 値は式 (5.1) および (5.2) より基板の n 値の増加に伴い減少することが明らかである. 図 5.2 は S-LAH79 および $\mathrm{LiNbO_3}$ 上に調製した

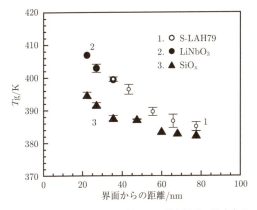

図 5.2 PS の T_g の分析深さ依存性.横軸の 0 は基板界面に対応する.横軸が実空間でないことに注意が必要である.

出典:K. Tanaka, Y. Tateishi, Y. Okada, T. Nagamura, M. Doi, and H. Morita: *J. Phys. Chem. B.* **113**, 4571 (2009).

PS-NBD 膜の T_g と d の関係である[2]).波長 430 nm における S-LAH79 と LiNbO$_3$ の n は,それぞれ 2.05 と 2.30 である.T_g は d の減少に伴い上昇した.興味深いことに,異なる基板の S-LAH79 と LiNbO$_3$ を用いた場合の T_g の d 依存性は同じ曲線上に載っている.接触角測定に基づき評価した両基板の表面自由エネルギー γ は実験誤差範囲内で同じであった.このため,PS と S-LAH79 および PS と LiNbO$_3$ の相互作用に明確な差がなく,それらの T_g と d の関係は同じ曲線上に載ったと考えられる.

S-LAH79 および LiNbO$_3$ 上に膜厚 10 nm 程度の SiO$_x$ 層をコートし,(PS/Si 基板)界面を模倣した系を調製した.図 5.2 に示すように SiO$_x$ でコートした S-LAH79 および LiNbO$_3$ 基板上に調製した PS の T_g は d の減少に伴い増大したが,その程度は S-LAH79 および LiNbO$_3$ 基板における結果ほど顕著でなかった.S-LAH79 および LiNbO$_3$ の γ は PS の γ に近い.一方,SiO$_x$ の γ は PS の γ と大きく異なる.すなわち,PS と SiO$_x$ の相互作用は PS と S-LAH79 および PS と LiNbO$_3$ の場合と比較して弱い.このため,SiO$_x$ 界面のセグメント運動を抑制する効果は S-LAH79 および LiNbO$_3$ の場合と比較し

5.1.2 実試料界面

複合材料内のフィラー界面近傍における高分子のダイナミクスを検討した例を見てみる. 3.8 節で解説したナノレオロジー AFM の実際の応用事例である. 実試料でもクライオミクロトームなどを用いて清浄な面を切り出すことができれば, ナノレオロジー AFM 測定が適用可能となる. 参照試料としてはマイカを用いる. AFM 装置の中には最大押し込み力 $F_{\max}$ を定義し, それに対応するカンチレバー反り量が実現したら, ピエゾ素子の動きを設定した時間だけ一時的に停止できるものがある. そのタイミングで高帯域小型ピエゾ素子の加振を始める. まずは加振源の入力振幅と入力位相一定のまま A_r, ϕ_r を測定する. その後, 図 5.3 のように A_r, ϕ_r が所定の値になるまで各周波数で入力信号を補償する. この図では約 5 nm の振幅で加振を行っているが, 実試料の場合には 1 nm 程度の振動でも構わない. 周波数の選択も目的に合わせて設定可能である. 以上でキャリブレーション手順を終了し, 実サンプルに置き換える. 実サンプル上では周波数の関数として A_s と ϕ_s のセットが測定される. 3 章で解説したように試料上の各点に, この周波数掃引によるデータとフォースディスタンスカーブが付随している. 引き離し過程のフォースディスタンスカーブを JKR 解析し, その点での弾性率 E や凝着エネルギー w を求め, 3 章の式 (3.17) で a_0 を求める. 式 (3.45) や (3.46) 中の a の値は $F_{\max}$ に対応する値として式 (3.10) が必要になる ($F = F_{\max}$ と置く). そのために各点の F_c もフォースディスタンスカーブから実測する. 以上で貯蔵弾性率 E', 損失弾性率 E'' および損失正接 $\tan\delta$ を算出するためのすべてのデータが揃う. このようにしてナノレオロジー AFM では貯蔵弾性率像, 損失弾性率像および損失正接像が得られる.

図 5.4 に示したのは CB をフィラーとして充塡した SBR のナノレオロジー AFM 像である. 走査範囲は 1.0 μm である. (a) に示したのはフォースディスタンスカーブ解析に基づく JKR 弾性率像で, 4.4 節で行ったのと同様のマスク処理に基づきマトリックス弾性率は 10.2 ±

5.1 異種固体界面　　105

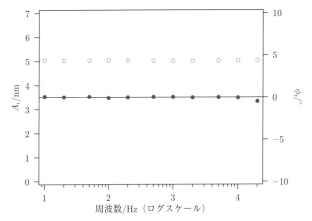

図 5.3　マイカ上での応答（入力信号補償後）.

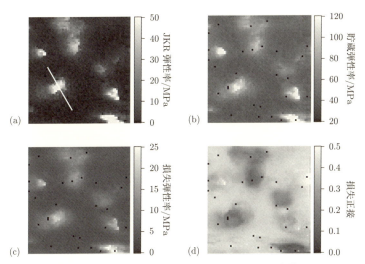

図 5.4　CB 充塡 SBR 試料のナノレオロジー AFM 画像．走査範囲は $1.0\,\mu\mathrm{m}$.
(a) JKR 弾性率像，(b) 貯蔵弾性率像（$f = 10\,\mathrm{kHz}$），(c) 貯蔵弾性率像
（$f = 20\,\mathrm{Hz}$），(d) 損失正接像（$f = 1.0\,\mathrm{kHz}$）.

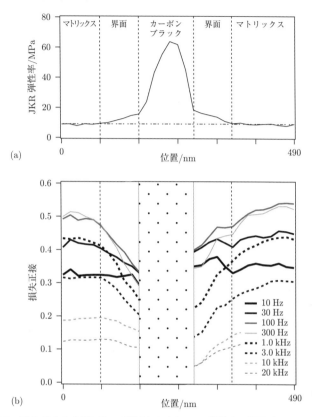

図 5.5 図 5.4(a) の白線に沿って測定した (a) JKR 弾性率の断面プロファイルと (b) 損失正接の断面プロファイル.

1.4 MPa であった.図 5.4(a) の白線に沿った断面プロファイルを図 5.5(a) に示すが,ここでも 4.4 節同様に CB の弾性率は正確に評価できていない.界面領域も CB 側からマトリックスに向かって弾性率が徐々に変化する様子が示されており,図 4.16 の振る舞いに似ている.界面領域の弾性率の平均値は 19.9 ± 5.9 MPa であった.ナノレオロジー AFM ならではのデータが図 5.4(b)〜(d) で,それぞれ貯蔵弾性率像,損失弾性率像,損失正接像である.0.01, 0.02, 0.03, 0.05, 0.1, 0.3,

0.5, 1.0, 2.0, 3.0, 5.0, 10, 20 kHz の 13 個の周波数すべてに対してデータは存在するが，例としてある周波数のデータを示してある．10 kHz の貯蔵弾性率ではマトリックス弾性率も 48.8 ± 5.4 MPa まで増加している．1.0 kHz の損失正接像では界面領域の $\tan\delta$ がマトリックスのそれよりも小さいことがわかる．

図 5.5(b) に示した損失正接の断面プロファイルからも興味深い変化が見てとれる．まず 10 Hz の低周波数ではマトリックスも界面も $\tan\delta$ は大きく異ならない．周波数が増大するに従って，マトリックスの $\tan\delta$ は大きくなるが，CB に拘束されている結果から界面領域の $\tan\delta$ はそれほど大きくならない．この影響は 500 Hz 程度まで続くが，それ以降，マトリックスと界面の $\tan\delta$ は減少に転ずる．特にマトリックスの減少率は界面のそれよりも高く，20 kHz の高周波数ではマトリックスと界面の差は小さくなる．これは高周波数側ではガラス転移領域を超えており，ガラス状態に近づいているため，そもそも分子運動が抑制されているからと解釈できる．

図 **5.6** に損失正接の周波数特性を示す．周波数 f に対してではなく，$a_\mathrm{T}f$ に対してプロットしてある．a_T は SBR 加硫シート（CB 未充填）の巨視的粘弾性データをもとに 3 章で示した WLF 式 (3.30) で参照温度 $T_\mathrm{r} = 303$ K とし，測定温度 T としては AFM の測定温度（298.4 K）を採用し計算した．測定した全周波数でマトリックスの $\tan\delta$ が大きいが，より低周波数側で界面の $\tan\delta$ が大きくなることが予想される．より重要なのは $\tan\delta$ のピークが界面領域で低周波数側にシフトしていることである．界面の T_g が高温側にシフトしている，すなわち界面での分子運動性がマトリックスのそれに対して抑制されているということを意味していると思われる．しかしながら，今回の測定ではマトリックスと界面で参照温度を同一にしてマスターカーブを描いている．界面の T_g が真に高温側にシフトしているのかどうかの確認は，温度軸を変化させた実験が必要である．

このナノレオロジー AFM 測定は室温で行われ，温度を変化させていないことに注意したい．レオロジーを知る読者ならその意味は一目瞭然である．巨視的な粘弾性計測は通常 2 桁かせいぜい 3 桁の周波数応

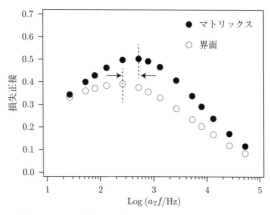

図 5.6 CB 充填 SBR 試料の損失正接の周波数依存性.

答を,温度を変えながら測定し,温度時間換算則に則ってマスターカーブを描かせる.その意味では,巨視的なマスターカーブにこそ,基準温度の選定法やシフトの具合などの「任意性」がつきまとうのではないだろうか.ナノレオロジー AFM ではそのような曖昧な部分は全くなく,一度の測定で図 5.6 に示したようなカーブが描ける.より信頼性の高い粘弾性計測が行えているのではないかと考えられる.しかし,それを傍証するためには,そして真の「分散地図」を描くためには別の軸として温度を変えての実験が必要となる.温度を変えて損失正接のピーク周波数の変化をとらえれば,a_T を巨視的な粘弾性計測装置が計測するそれよりも精密に計測できるはずであり,それによって線形粘弾性理論の根底を実験的に検証することが可能となる.ナノレオロジー AFM に温度可変軸を加えるにはさらなる装置改良が必要で,その結果を読者諸氏に提示するには今しばらく時間を頂くことになる.

5.2 液体界面

高分子材料は親和性の高い液体中において,その力学物性が変化することが知られている.これは液体分子が高分子に収着することで説明されている.PMMA バルクにおいて収着水は,引張り特性,破壊靭性およびクリープ強度などの種々の力学物性に強く影響する.たとえば,含

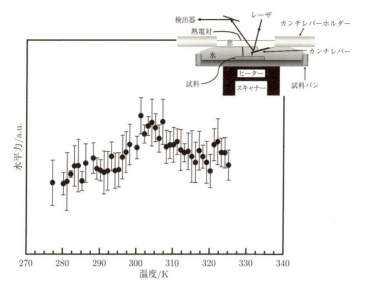

図 5.7 PMMA 膜表面における水平力の温度依存性.右上図は採用した水中測定のセットアップ.探針の走査速度は 1.0 μm/s.

出典:Y. Fujii, T. Nagamura, and K. Tanaka: *J. Phys. Chem. B.* **114**, 3457 (2010).

水率の増加に伴い,引張り特性およびクリープ強度は低下するのに対して,破壊靱性は向上する.したがって,材料の体内での使用を考えた場合,水中における高分子の力学物性を明らかにすることは重要であり,特に機能性を発現する水との界面近傍における物性をナノメートルオーダーの深さ分解能で理解することは界面構造の解明とともに必須である.

図 5.7 は水界面における PMMA の水平力と温度の関係である.図の右上には測定セットアップの模式図も示している.測定は 1.0 μm/s で行った[3].水平力,すなわち,エネルギー散逸は温度上昇とともに緩やかに増加し,305 K 付近で極大値を示した.このピークは空気界面では観測されていないことから,膜表面が水で膨潤することで誘起された特異な緩和過程に対応すると考えてよい.また,その極大温度は膜表面での α_a および β 過程の緩和温度の中間に位置していた.

フォースカーブ測定に基づき評価した. 水界面における PMMA の弾性率の深さ依存性と測定条件から, 探針の侵入深さが算出できる. 得られた値は 4.5 nm 程度であった. さらに, 図 4.6 に示した NR 測定の結果より, 界面から 4.5 nm の深さ領域における PMMA の含水率は 15 vol.% であった. 含水率の増加に伴う T_g の低下を自由体積の加成性を仮定した Kelley-Bueche の式で計算した.

$$T_g = (\Delta\alpha \cdot \phi_2 \cdot T_{g2} + \alpha_1 \cdot \phi_1 \cdot T_{g1})/(\Delta\alpha \cdot \phi_2 + \alpha_1 \cdot \phi_1) \quad (5.3)$$

ここで ϕ_1 および ϕ_2 は, それぞれ水および高分子の体積分率, T_{g1} および T_{g2} は, それぞれ水および高分子の T_g である. また α_1 は水の体積膨張率であり, $\Delta\alpha$ は T_g における高分子の体積膨張率の変化である. 式 (5.3) によれば, 探針が侵入している深さ領域の T_g は 294.5 K となる. この値は, 水平力の上昇し始める温度とよく対応している.

PMMA は吸湿性があり, 収着した水分子によってバルクに存在する分子鎖のセグメント運動は速くなる. それゆえに, 305 K 程度で観測された緩和ピークは水分子によって可塑化されたセグメント運動に起因すると考えられる. また, 水界面において水平力と走査速度の関係を温度の関数として評価すれば, 同緩和過程の活性化エネルギーが算出できる. 得られた値は約 120 kJ/mol であり, バルク値の 660 kJ/mol と比較して著しく低下しており, さらに空気界面における ΔH^* の 230 kJ/mol よりも小さい.

以上の実験より, 水と接触した PMMA の深さ 4.5 nm の領域における T_g は 295 K であるといえる. したがって, より浅い (界面に近い) 領域では, T_g は室温以下になると予想できる. そこで, PMMA 膜上に重水素化 PMMA (dPMMA) 超薄膜を Langmuir-Blodgett 法で移し取った後, 水中に浸漬し, 水中浸漬前後における重水素化セグメントの膜厚方向の分布を評価した. その結果, 重水素化セグメントは膜厚方向に移動したことから[4], 上述した予測は正しいといえる.

接触角測定に基づき高分子膜最外領域のダイナミクスが議論できる. 接触角が時間に依存することは広く知られている. この原因として, プローブ液体の蒸発ならびに被測定表面の構造変化が挙げられる. 図 5.8

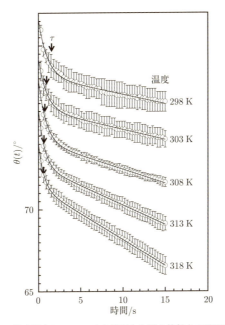

図 5.8 PMMA 膜表面上に $1\,\mu l$ の水を滴下した際の接触角の時間依存性.測定温度を変えた際のデータも示している.

出典:A. Horinouchi, H. Atarashi, Y. Fujii, and K. Tanaka: *Macromolecules* **45**, 4638 (2012).

は PMMA 表面における対水接触角 θ の時間変化を測定温度の関数として測定している[5]).また,データを見やすくするため,異なる温度でのデータは縦軸方向にシフトさせた.θ は時間とともに指数関数的に減衰し,その後,線形で減少した.PMMA 表面が水と接触すると,構造の再編成が起こる.着滴直後の指数関数的減衰は構造再編成に,また,その後の線形減少は液滴の蒸発に起因すると考えると,θ の時間依存性は次式で与えられる.

$$\theta(t) = (\theta_{\mathrm{ini}} - \theta_{\mathrm{ter}})\exp(-t/\tau_\theta) - kt + \theta_{\mathrm{ter}} \tag{5.4}$$

ここで θ_{ini} および θ_{ter} は,それぞれ着滴直後および構造再編成が終端した際の接触角,k は液滴の蒸発速度($k>0$),τ_θ は表面構造再編成

の緩和時間である．図中の実線は実験結果の式 (5.4) を用いたベストフィットである．τ_θ は温度上昇とともに小さくなったことから，θ の指数関数的減衰を構造再編成過程に帰属するのは道理にかなっている．τ の逆数の自然対数と温度の逆数の関係より，表面構造再編成の活性化エネルギーが評価でき，その値は $39 \pm 2\,\mathrm{kJ/mol}$ となる．3 章で議論したような主鎖の動きを伴う表面構造再編成は大きな空間スケールを必要とするため，β 過程では達成できない．したがって，図 5.8 で示したダイナミクスが水界面における PMMA 最界面の α_a 過程に対応すると考えてよく，その活性化エネルギーがバルクにおける β 過程のそれ ($80 \pm 2\,\mathrm{kJ/mol}$) よりも小さいことは特筆すべきである．以上の結果は，水界面においても高分子のダイナミクスは膜厚方向に勾配があり，界面に近づくほど速くなるといえる．

参考文献

1) K. Tanaka, Y. Tsuchimura, K. Akabori, F. Ito, and T. Nagamura: *Appl. Phys. Lett.* **89**, 061919 (2006).
2) K. Tanaka, Y. Tateishi, Y. Okada, T. Nagamura, M. Doi, and H. Morita: *J. Phys. Chem. B.* **113**, 4571 (2009).
3) Y. Fujii, T. Nagamura, and K. Tanaka: *J. Phys. Chem. B.* **114**, 3457 (2010).
4) A. Horinouchi, Y. Fujii, N. L. Yamada, and K. Tanaka: *Chem. Lett.* **39**, 810 (2010).
5) A. Horinouchi, H. Atarashi, Y. Fujii, and K. Tanaka: *Macromolecules* **45**, 4638 (2012).

第 6 章

薄膜構造と物性

6.1 構造

2章および4章において,界面における高分子の局所コンフォメーションに関して議論した.しかしながら,界面における分子鎖の空間的広がりに関する検討は,その実験手法の困難さからほとんど実現されていない.一方,コンピュータシミュレーションでは,表面に存在する分子鎖は膜厚方向に押しつぶされた形態をとるという結論が得られている[1].高分子超薄膜中の分子鎖の空間的広がりに関しては理論的にも実験的にも検討が行われている.de Gennes は簡単なスケーリング理論に基づき,膜厚が分子鎖の空間的広がり以下になっても,面内方向の分子鎖の広がりは慣性半径の2倍($2R_g$)よりも広がらないことを予測している[2].これらは中性子散乱を用いた実験により直接確認することができる.90年代当初は,分子鎖の面内方向の広がりは $2R_g$ より大きくなるという報告がなされたが,その後,超薄膜を十分に熱処理した試料で実験を行うことで,理論的な予測と一致するという報告がなされている[3].また,青木,伊藤らは近接場光学顕微鏡(NSOM)を用いて分子鎖一本のコンフォメーションを直接観察することに成功している.図 6.1 は薄膜中における面内方向の慣性半径(R_{xy})と膜厚の関係である[4].試料は蛍光色素をラベルした PMMA を通常の PMMA に分散することで調製している.図から明らかなように,三次元バルク状態から擬二次元状態の超薄膜に至るまで分子鎖の空間的広がりはほぼ一定である.超薄膜においても固体の密度が変わらないと仮定すれば,上述の結果は,擬二次元状態では分子鎖間のからみ合いが減少すること

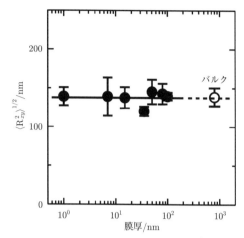

図 6.1 薄膜中における PMMA 鎖の面内方向の広がりと膜厚の関係.
出典:H. Aoki, S. Morita, R. Sekine, and S. Ito: *Polymer J.* **40**, 274 (2008).
を示唆している[2]).

6.2 ガラス転移温度

厚さ 100 nm 以下の高分子薄膜はナノコーティング,高分子レジスト,有機積層デバイス,医用材料など幅広い用途で使用されている.高分子材料をナノサイズにスケールダウンすると,バルクとは異なる熱的・力学的性質を示すことが多数報告されている.たとえば,シリコン基板上に調製した PS 薄膜では,バルク試料と比較して,T_g や熱膨張係数が異なる[5]).高分子薄膜で観測される特異な物性は,「束縛効果」と「表面・界面効果」によって発現すると考えられている.前者は,分子鎖がその広がりよりも薄い空間に閉じ込められることで形態エントロピーが損失することに起因する.後者は,表面や界面等の場では,バルク状態と比較してエネルギー状態が異なるため,そのダイナミクスが異なることに起因する.どちらが支配的かは,試料の状態によって異なるようであり,現在も議論が続いている.

薄膜状態の高分子のダイナミクスはさまざまな実験手法によって検討されている[6~8]).たとえば,固体基板上に調製した高分子薄膜の厚

さを温度の関数として測定し、その勾配が変化する温度から薄膜の T_g が評価できる。これは、薄膜の熱膨張を観測しており、二次元でのディラトメトリーに対応する。シリコンウエハー上に調製した PS および PMMA 薄膜の T_g は膜厚の低下とともに、それぞれ低下[9] および上昇する[10]。3 章で見たように、表面では、バルクと比較して、分子鎖が動きやすい。一方、5 章で見たように、基板界面において分子鎖ダイナミクスは遅くなる。膜が薄くなると、試料全体積に及ぼす表面および界面の割合が著しく大きくなる。したがって、表面効果が基板界面効果を凌駕すれば、T_g は膜厚とともに低下し、基板界面効果のほうが強ければ上昇する。PS の場合は、分子鎖セグメントと基板間に明確な相互作用はなく、PMMA の場合は親水的な側鎖とシリコン基板の OH 基が引力的に相互作用する。このため、両者の T_g と膜厚の関係は全く異なる。ただし、PS のガラス転移挙動の場合においても基板界面の効果を無視できないことに注意が必要である。自己支持 PS 超薄膜の T_g は、同じ膜厚を有するシリコンウエハー上の PS 超薄膜の T_g よりも著しく低い[11]。

上述したように、基板表面の化学構造と高分子薄膜の T_g については多くの研究グループによって議論されている。しかしながら、これまでに議論された界面での相互作用とは、短距離相互作用が主流であり、van der Waals 相互作用のような長距離相互作用が高分子薄膜の T_g に及ぼす影響はあまり注視されていない。ここでは、シリコン基板上の酸化層の厚さを系統的に変化させ、その上に作製した PS 薄膜の T_g を評価することで分子鎖熱運動性に及ぼす基板からの長距離相互作用の影響について検討した結果を紹介する。

図 **6.2** は自然酸化層および熱酸化層を有するシリコンウエハー上に調製した PS 膜の T_g と膜厚の関係である[12]。実線および破線は式 (6.1) に示す Keddie の経験式[9] を用いてベストフィットを与える曲線である。

$$T_\mathrm{g}(d) = T_\mathrm{g}^\infty (1 - (A/d)^\delta) \tag{6.1}$$

ここで T_g^∞ はバルクの T_g、A は特性長、d は膜厚、δ は指数である。

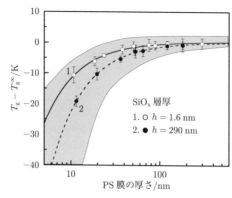

図 6.2 SiO$_x$ 層の厚さが 1.6 nm および 290 nm のシリコン基板に調製した PS 膜における T_g の膜厚依存性.灰色の領域は他の研究グループによる報告値が存在する領域.

出典:C. Zhang, Y. Fujii, and K. Tanaka: *ACS Macro Lett.* **1**, 1317 (2012).

また,図 6.2 の斜線部は他の異なる研究グループによって報告されたデータの存在する領域である.いずれの PS 膜においても,膜厚が 100 nm 以下になると T_g は膜厚の減少とともに低下した.2 つの基板表面は同じ化学的性質を有しているにもかかわらず,熱酸化層を有するシリコンウエハー上に製膜した PS 膜の方が低下の度合いは顕著であった.この結果は,長距離にわたって働く van der Waals 相互作用が分子鎖熱運動特性に影響することを示唆している.

膜厚に対する界面ポテンシャル $\Phi(d)$ は以下のように記述できる[13].

$$\Phi(d) = \frac{C}{d^8} + \Phi(d)_{\text{vdW}} \tag{6.2}$$

ここで C は短距離相互作用に関連する定数,第 2 項は van der Waals ポテンシャルに由来する長距離相互作用の項である.空気/PS/SiO$_x$/Si 系に対する $\Phi(d)_{\text{vdW}}$ は,

$$\Phi(d)_{\text{vdW}} = -\frac{A_{\text{SiOx}}}{12\pi d^2} + \frac{A_{\text{SiOx}} - A_{\text{Si}}}{12\pi (d+h)^2} \tag{6.3}$$

と表せる.A_{SiOx} および A_{Si} は,それぞれ空気/PS/SiO$_x$ および空気/PS/Si 系に対する Hamaker 定数である.

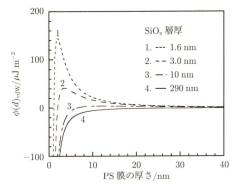

図 6.3 長距離相互作用ポテンシャルと PS 膜厚および SiO_x 層厚の関係.
出典：C. Zhang, Y. Fujii, and K. Tanaka: *ACS Macro Lett.* **1**, 1317 (2012).

図 6.3 は見かけの界面ポテンシャルであり，PS の膜厚および SiO_x 層の厚さの関数としている[12]．ここで $A_{SiOx} = 1.8 \times 10^{-20}$ J および $A_{Si} = -2.2 \times 10^{-19}$ J を用いて計算した．図 6.3 に示すように，PS の膜厚と長距離相互作用の関係はシリコン酸化層の厚さ (h_{SiOx}) に強く依存する．たとえば，$h_{SiOx} = 1.6$ nm の場合，$\Phi(d)_{vdW}$ の値は PS の膜厚の減少とともにわずかに増加した後，10 nm 程度で急激に増加する．膜厚が 2 nm になると極大値となり，それより薄くなると，急激に低下する．一方，$h_{SiOx} = 290$ nm の場合，$\Phi(d)_{vdW}$ の値は PS の膜厚の減少とともに徐々に減少する．これらの 2 つの極端な例は，図 6.2 の実験系と対応している．式 (6.3) に示すように，薄膜の安定性は $\Phi(d)_{vdW}$ により決定される．$\Phi(d)_{vdW}$ 値が正の場合，空気と基板は接触しないことを好む，すなわち，PS 膜は安定である．一方，$\Phi(d)_{vdW}$ 値が負の場合，空気と基板の間には引力的な相互作用が働く．すなわち，PS は不安定になり，動きやすくなる．これらの議論は，薄膜の脱濡れ挙動にも有効である．

図 6.4 は種々のシリコン酸化層を有するシリコン基板上に調製した 16 nm の膜厚を有する PS 膜の T_g である[12]．縦軸は，各 PS 膜の T_g をバルクの T_g で差し引いた値を用いている．シリコン酸化層の厚さが増加するにつれて，PS 膜の T_g は低下した．これは，長距離に働く

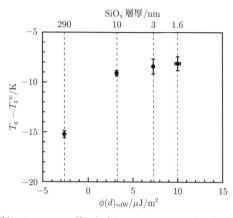

図 6.4 膜厚が 16 nm の PS 膜における van der Waals 相互作用と T_g の関係.
出典:C. Zhang, Y. Fujii, and K. Tanaka: *ACS Macro Lett.* **1**, 1317 (2012).

van der Waals 相互作用が T_g に影響することを示している.これまでに世界中の研究グループから報告されている高分子薄膜の T_g は,膜厚の減少とともに低下する傾向は一致するものの,その値は図 6.2 の斜線部分程度のばらつきがある.研究グループによって用いた基板の種類や酸化層の有無が異なれば,長距離相互作用の影響により T_g の値が異なることは十分に理解できる.

6.3 緩和時間分布

これまでの議論より,高分子膜の空気界面および基板界面では,バルクと比較して,それぞれ,T_g が低下および上昇していることが明らかである.一方,一定温度において,薄膜の膜厚方向に緩和時間の分布があるかについては示していない.ここでは,再び,単分散 PS に NBD を極微量ランダムに導入した PS-NBD を用いる.種々の膜厚 (h) を有する PS-NBD 膜をスピンコーティング法により石英基板上に調製し,時間分解蛍光測定を行った例を紹介する.

図 **6.5**(a) は蛍光寿命 $\langle \tau \rangle$ の h 依存性である[14].h が 200 nm 程度以下の場合,$\langle \tau \rangle$ は h とともに減少した.また,膜厚が 10 nm 程度の超薄膜において,$\langle \tau \rangle$ は再び上昇している.5.1 節の界面ダイナミクスの

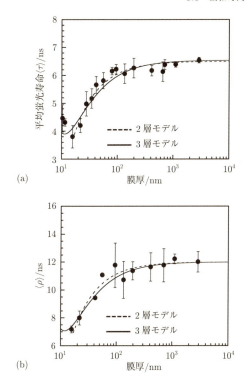

図 6.5 (a) 色素からの蛍光寿命および (b) 色素の回転緩和時間の PS 膜厚依存性. 測定は室温で行われている.

出典：D. Kawaguchi, Y. Tateishi, and K. Tanaka: *J. Non-Cryst. Solids* **407**, 284 (2015).

項で見たように，マトリックスの分子鎖熱運動性が活性化すると NBD の最低励起状態から基底状態への遷移に関する無放射失活の割合が増加するため，$\langle\tau\rangle$ は小さくなる．したがって，図 6.5(a) に示した結果は，薄膜化に伴い PS の運動性が活性化することを示している．これまで考えてきたように，膜がバルク層と，厚さ d_s および d_i の表面および界面層の 3 層からなると仮定し，次式を用いて実験結果の再現を試みた．

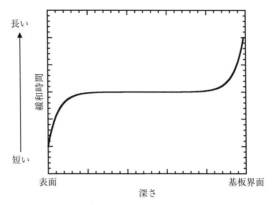

図 **6.6** 高分子薄膜中における膜厚方向の緩和時間分布.

$$\tau(h) = \langle \tau_{\text{surf}} \rangle (d_{\text{s}}/h) + \langle \tau_{\text{inter}} \rangle (d_{\text{i}}/h)^2 + \langle \tau_{\text{bulk}} \rangle (1 - (d_{\text{s}} + d_{\text{i}})/h) \quad (6.4)$$

図 6.5(a) 中の実線は,3層モデルでフィットした際の $\langle \tau \rangle$ の h 依存性である[14]. $\langle \tau_{\text{surf}} \rangle = 3.9$ ns, $\langle \tau_{\text{inter}} \rangle = 6.9$ ns, $\langle \tau_{\text{bulk}} \rangle = 6.5$ ns, $d_{\text{s}} = 6$ nm および $d_{\text{i}} = 7$ nm のときベストフィット曲線が得られた.また,破線は表面層のみを考慮した 2 層モデルの場合のフィッティング曲線である.2 層および 3 層モデルを用いたときの相関関数は,それぞれ 0.898 および 0.960 であり,3 層モデルの方がより現実の系を反映しているといえる. $\langle \tau_{\text{surf}} \rangle$ および $\langle \tau_{\text{inter}} \rangle$ は, $\langle \tau_{\text{bulk}} \rangle$ と比較して小さい値,または大きな値であった.以上のことから,一定温度の膜においても,表面および界面近傍では,それぞれ分子運動が活性化および抑制されていると結論できる.

蛍光色素の動きを直接観測するため,蛍光異方性比 (r) の時間変化を測定することで回転緩和時間 $\langle \rho \rangle$ を評価した.図 6.5(b) は $\langle \rho \rangle$ の h 依存性である.前述と同様に,2 層および 3 層モデルを用いて実験結果の再現を試みた.図 6.5(b) 中の破線および実線は,2 層および 3 層モデルに基づくフィッティング結果である. $\langle \rho_{\text{surf}} \rangle = 7.4$ ns, $\langle \rho_{\text{inter}} \rangle = 12.7$ ns, $\langle \rho_{\text{bulk}} \rangle = 12$ ns, $d_{\text{s}} = 6$ nm および $d_{\text{i}} = 7$ nm を用いたと

き，ベストフィット曲線が得られた．このd_sおよびd_i値は蛍光寿命の結果と一致した．これは蛍光寿命と蛍光偏光解消が同じスケールの分子運動を反映することを示唆している．

ここで紹介した結果をもとに，薄膜中で観測される分子鎖ダイナミクスの緩和時間を深さの関数として図 **6.6** にまとめた．緩和時間は表面近傍では膜内部と比較して短く，内部に向かってバルク値に漸近する．一方，基板界面に近づくと，緩和時間は膜内部よりも長くなる．したがって，温度を変化させて考えると表面でのT_gは低く，基板界面では高くなるといえる．

6.4 弾性率評価

前節までで見てきたように，薄膜中での高分子鎖の特異な構造や物性を観測し，制御しようという研究が数多くなされている．薄膜の弾性率評価として，ゴムシートの上に試料を乗せて圧縮した際の形状変化から測定するバックリング法[15]，水面上に試料を浮かせて応力を測定する手法[16]などが提案されているが，ここではAFMを用いた弾性率計測を紹介する．高分子表面近傍では弾性率や表面T_gの低下などといった表面に特徴的な現象が観察される．薄膜化することで，そのような表面，さらには基板界面の相対的な存在比率が増大するため，薄膜の物性にも表面や界面の影響が大きく現れる．一方でそのような分子運動が活発な表面層が存在しない高分子もある．そのような高分子からなる薄膜では純粋に薄膜化の効果が議論しうる．ただし，薄膜の物性測定の難しいところは，その薄膜の力学物性を計測したつもりでも，その薄膜の直下にある基板の影響が無視できなくなる可能性があるということである．

ここではAFM探針先端の曲率半径Rの効果がどのように基板の影響と相関しているか，実例で紹介しよう[17]．対象とした高分子はポリ酢酸ビニル（PVAc）である．この試料は誘電緩和などのさまざまな測定から表面層が存在しないと報告されている試料である[18]．表面T_gの低下もせいぜい3K程度である．分子量は$M_w = 1.40 \times 10^4$，DSCで測定したバルクのT_gは311Kであった．PVAcのトルエン溶液を調製し，スピンコート条件を変えることでさまざまな厚みのPVAc薄膜

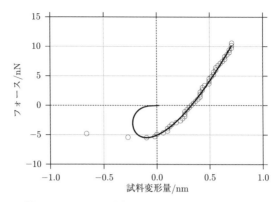

図 6.7 PVAc 上で測定したフォース—試料変形量曲線.

を得た.基板は清浄なシリコンである.323 K で 3 日間真空乾燥することで残留溶媒を取り除いた.用いたカンチレバーは 2 種類で,一方が $k = 2.64$ N/m,$R = 13$ nm のもの(以後鋭い探針と呼ぶ),もう一方が $k = 26.0$ N/m,$R = 150$ nm のもの(以後鈍い探針と呼ぶ)である.

図 6.7 に典型的なフォース—試料変形量曲線を示す.鋭い探針で得られたデータである.試料変形量が 1 nm 前後になるように最大押し込み力を 10 nN に設定した.このカーブから JKR 2 点法で求めた弾性率と凝着エネルギーは,それぞれ $E = 4.58$ GPa,$w = 89.3$ mJ/m^2 であった.なお弾性定数 K から E を求めるために必要なポアソン比としてはバルクの値 $\nu = 0.35$ を採用した.この E と w から Tabor パラメータは $\mu = 0.48$ となった.本来であれば MD 理論を用いるべき領域であるが,鈍い探針ではこれらの物性値に対して $\mu = 5.49$ となり JKR 領域に属すので,JKR 理論同士で比較するためにこのまま話を進めることにする.鈍い探針での実験では接触面積が大きくなるため,最大押し込み力としてより大きな値を設定する形で,試料変形量が鋭い探針の条件と同じになるようにした.図 6.8 は鋭い探針で測定したフォースマッピングモード AFM 像で,(a) の凹凸像から表面ラフネスは 0.3 nm と非常に平滑な薄膜表面(厚み $h = 370$ nm)が得られている.

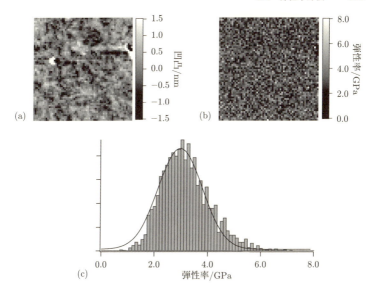

図 6.8 PVAc のフォースマッピングモード AFM 画像．走査範囲は 1.0 μm．(a) 凹凸像，(b) 弾性率像，(c) 弾性率ヒストグラム．

(b) の弾性率像および (c) の弾性率ヒストグラムからこの薄膜の弾性率は $2.97 \pm 1.17\,\mathrm{GPa}$ と算出された．ただし，ここでエラーはガウス分布の半値幅で表現している．

同様の測定を異なる膜厚，鋭い探針，鈍い探針で行った結果をまとめたものを図 6.9 に示す．膜厚 $h = 610\,\mathrm{nm}$ の薄膜に対して得られた弾性率で規格化した弾性率値の膜厚依存性である．鋭い探針の場合には 18 nm の膜厚の薄膜試料まで有意な弾性率値の増大を認めない一方で，14 nm と 9 nm の膜厚の試料で弾性率値の増大が見られた．押し込み量は 1 nm 以下程度なので，「膜厚の 10% 未満の押し込み深さならば基板の影響はない」という経験則で考えても，18 nm 厚の試料までは基板の影響が全く問題にならないことが実験的にも確認できたといえる．それ以下の厚みの試料では，その増大の理由が表面・界面の影響なのか，それとも束縛効果の影響なのか，この結果だけではまだ結論を急ぐべきではない．

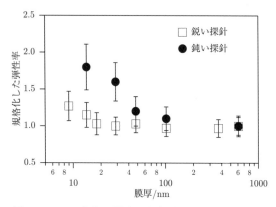

図 **6.9** PVAc 薄膜の弾性率の膜厚依存性：探針形状の効果.

興味深いのは $R = 150\,\text{nm}$ の鈍い探針での結果である．押し込み量が 1 nm 程度に抑えられているのは鋭い探針の場合と同じであるが，$h = 50\,\text{nm}$ 厚の試料ですでに有意な弾性率値の増大が認められる．このように曲率半径の大きな探針を利用して弾性率値を議論する場合には注意が必要である．実際，いくつかの理論的取り扱い，あるいは数値解析による結果が，接触半径 a と膜厚 h の比の関数として，硬い基板の影響を支持している．鈍い探針の場合，a も必然的に大きくなるため，その影響が無視できなくなる．筆者らの JKR 解析の場合，3 章の式 (3.10) から最大押し込み時の接触半径を算出できる．したがって実験的数値として a/h を議論の対象とできる．図 **6.10** に示したのが，図 6.9 を a/h に対してプロットしなおしたグラフである．このグラフからいえるまず大事なことは，鋭い探針と鈍い探針の結果をある程度統一的に議論できるということである．

図 6.10 に重ねている理論曲線についても簡単に説明を加えよう．一つ目として Perriot と Barthel によって導入された方法を紹介する[19]．彼らはグリーン関数法を用いて軸対象プローブが薄膜に押し込まれる際の応力―ひずみ関係を次のような式に落とし込んだ．

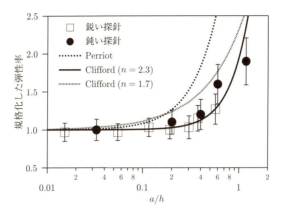

図 **6.10** PVAc 薄膜の弾性率の膜厚依存性.

$$K_{\mathrm{m}} = K_{\mathrm{f}} + \frac{K_{\mathrm{s}} - K_{\mathrm{f}}}{1 + \left(\frac{x_0}{x}\right)} \quad \left(x \equiv \frac{a}{h}\right) \tag{6.5}$$

ここで K_{m}, K_{f}, K_{s} は,それぞれ測定される弾性定数,薄膜自身の弾性定数,基板の弾性定数である.h が ∞ の極限では $K_{\mathrm{m}} = K_{\mathrm{f}}$, h が 0 の極限では $K_{\mathrm{m}} = K_{\mathrm{s}}$ が得られる.x_0 や m は $K_{\mathrm{f}}/K_{\mathrm{s}}$ で決まるパラメータで,PVAc 薄膜($E_{\mathrm{f}} = 3.3\,\mathrm{GPa}$, $\nu_{\mathrm{f}} = 0.35$ とする)とシリコン基板($E_{\mathrm{f}} = 160\,\mathrm{GPa}$, $\nu_{\mathrm{f}} = 0.3$)の組み合わせの場合,$x_0 = 25$, $m = 1.1$ である.非常にわかりやすい理論ではあるが,図 6.10 に重ねているこの曲線は実験データを全く再現できていない.

Clifford らのアプローチは有限要素法による解析結果を解析的な式に焼き直す形で行われている[20].彼らによれば

$$K_{\mathrm{m}} = K_{\mathrm{f}} + (K_{\mathrm{s}} - K_{\mathrm{f}})\frac{Pz^n}{1 + Pz^n + Qz} \tag{6.6}$$

となる.ここで $P = 5.65$, $Q = 0.75$ で,

$$z = \left(\frac{K_{\mathrm{f}}}{K_{\mathrm{s}}}\right)^{0.63} x \tag{6.7}$$

である.彼ら自身の報告によれば $n = 1.7$ であるが,その場合には実験結果を再現できない.一方,P と Q を固定し $n = 2.3$ とすると実験

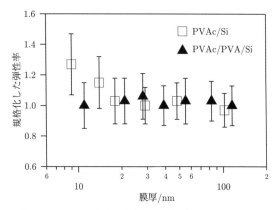

図 **6.11** PVAc 薄膜の弾性率の膜厚依存性：基板の効果．

結果に対してよいフィットとなる．もちろん数値解析から落とし込んだ式であるため，この指数の物理的な意味を深掘りすることはできない．しかし，重要なことは鋭い探針，鈍い探針どちらの場合も a/h が 3 程度になるまでは弾性率値は変化しないが，4 以上で有意に基板の影響が出てくるということ，膜厚そのものではなく a/h が重要なパラメータだとわかったことである．つまり鋭い探針について弾性率が増大していた 2 つの薄い試料も，その効果は束縛効果ではなく界面効果の影響の可能性が高い．

薄膜の弾性率測定には R の小さな探針を使うべきであることがわかったところで，さらに議論を進めよう．基板の弾性率の影響である[21]．図 **6.11** に示したのは図 6.9 に示したのと同じ，シリコン基板上での鋭い探針の結果に加え，シリコン基板上にポリビニルアルコール（PVA）フィルム（$T_g \sim 353\,\mathrm{K}$）をまずスピンコートし，その上に PVAc 薄膜を形成させた場合の結果である．基板の弾性率がシリコンよりも小さな PVA の場合，より薄い PVAc 薄膜まで基板弾性率の影響を受けないことがわかる．$h = 11\,\mathrm{nm}$ の厚みまで弾性率に変化がないことは驚きでもある．

同じ試料を今度は温度を変えて実験してみる．まず得られたフォース—試料変形量曲線を図 **6.12** に示す．3.8 節で見たように，これらの

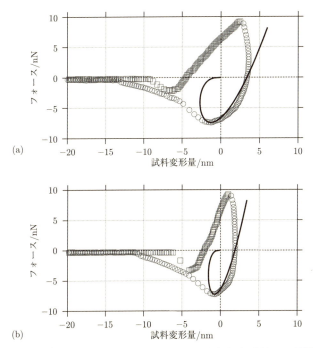

図 6.12 333 K で測定した PVAc 上でのフォース—試料変形量曲線. (a) 膜厚 240 nm, (b) 膜厚 11 nm.

カーブのように JKR 理論曲線では決してうまくフィッティングできないカーブが得られることがあり,それはその試料がガラス転移領域にあるときであると断言できる.装置的な制限でより高い温度では測定できなかったが,333 K でもまだ完全なゴム弾性域には到達していないということである.それでも JKR2 点法で第一近似的な弾性率を算出できる.図 6.12(a) の膜厚 240 nm の PVAc 薄膜の場合は $E = 153$ MPa, $w = 131$ mJ/m^2 であった.さらにこれらの値から $a/h = 0.244$ が得られる.(b) の膜厚 11 nm の場合は $E = 353$ MPa, $w = 128$ mJ/m^2, $a/h = 4.01$ である.図 6.10 の結果から,この a/h では基板の影響が現れ始めている可能性があるが,弾性率が若干高いために a が小さくなり,11 nm の膜厚でも a/h がそれほど大きくならないで済んでいる.

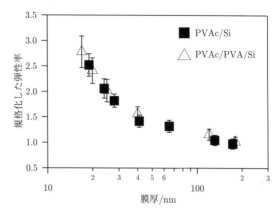

図 6.13 PVAc 薄膜の弾性率の膜厚依存性：温度の効果.

333 K での PVAc 薄膜の弾性率の膜厚依存性を示したのが図 **6.13** である．図 6.11 に示したように，ガラス状態にある PVAc 薄膜の弾性率がほとんど膜厚に依存しなかったのとは対照的に，ゴム弾性域に近い状態にある PVAc 薄膜では，より顕著な弾性率の変化が観測されたということになる．弾性域に試料が入るとポアソン比も 0.5 に近くなる．非圧縮性の帰結として，応力伝搬距離は大きくなろう．しかし，上でも述べたように，a/h は鈍い R の大きな探針を利用した場合のようには大きくないため，基板の影響をそれほど強く受けているとは思えない．実際，図 6.13 はシリコン基板に直接塗布された PVAc 薄膜と PVA 膜の上に塗布された PVAc 薄膜で，その振る舞いがほとんど変わらないことからも支持される．

ゴム状態にある薄膜の弾性率向上はバックリング法やナノバブルインフレーション法[22]などでも報告されており，その効果は表面効果よりも束縛効果の影響だと結論づけられているところである．今回の結果でも膜厚によって凝着エネルギーはほとんど変わらず，ガラス状態での凝着エネルギーともそれほど違わない．しかし，McKenna らは，PVAc 自己担持型薄膜の弾性率向上は 3 桁にも及ぶと報告しており[23]，今回の 3 倍という結果とはかなり矛盾する．自己担持型薄膜と基板上に展開された薄膜では，薄膜内部の構造あるいは緩和挙動に質的な違いがあ

るのかもしれない.

理論的なアプローチとしては Ngai らによる報告がある[24]. 彼らはカップリングモデルを用いてゴム状態にあるポリマーの束縛効果によるスティフニング機構について考察を進めている. ガラス転移状態にあるポリマーには, セグメント運動の α 緩和, サブ Rouse モード, Rouse モードが関与する. カップリングモデルでは α 緩和が分子間拘束の影響を受けやすく (カップリングパラメータ n_α が大きい), サブ Rouse モード (カップリングパラメータ n_{sR}) では若干の影響を受け, Rouse モードは影響を受けない ($n_R = 0$) とする. 薄膜の膜厚が減少すると, 自由表面あるいはサイズ効果によって n_α が小さくなり, α 緩和を特徴付ける緩和時間 τ_α がサブ Rouse モードの緩和時間 τ_{sR} よりも短くなる. 結果としてセグメント運動の α 緩和とサブ Rouse モードや Rouse モードとが大きく分離することになり, ゴム状平坦領域のコンプライアンスが減少すると彼らは説明している. 彼らの理論的枠組みに基づくと, ガラス状態での薄膜の弾性率変化 (図6.11) がそれほど顕著でないことも説明できる. より高温のゴム状態ではさらに大きな弾性率変化が見込まれるため, そのような実験を行うことができれば, Ngai らのカップリングモデルを実証できる可能性もある.

以上見てきたように, 薄膜の弾性率計測はまずその信頼性を高める必要がある. その先には分子運動およびそのサイズ効果について議論できる広い世界が待っている.

一般に, 材料を薄膜化すると表面・界面の効果が顕著になる. たとえば, 試料全体積に対する表面・界面の効果は膜厚の逆数で効いてくる. したがって, 高分子薄膜材料を設計し, 適切に使用するためには, 束縛効果はもちろん, 表面や界面を十分に理解し, 総合的に理解する必要がある. 本書で述べた, 高分子の「ナノ物性」を生かした材料開発が行われればこの上ない喜びである.

参考文献

1) I. A. Bistanis and G. ten Brinke: *J. Chem. Phys.* **99**, 3100 (1993).
2) P. G. de Gennes: "Scaling Concepts in Polymer Physics", Cornel

Univ. Press (1979).

3) R. L. Jones, S. K. Kumar, D. L. Ho, R. M. Briber, and T. P. Russell: *Macromolecules* **34**, 559 (2001).

4) H. Aoki, S. Morita, R. Sekine, and S. Ito: *Polymer J.* **40**, 274 (2008).

5) T. Kanaya: *Adv. Polym. Sci.* **252**, Springer (2013).

6) K. Fukao and Y. Miyamoto: *Europhys. Lett.* **46**, 649 (1999).

7) T. Kanaya, T. Miyazaki, H. Watanabe, K. Nishida, H. Yamana, S. Tasaki, and D. B. Bucknall: *Polymer* **44**, 3769 (2003).

8) S. Ata, M. Muramatsu, J. Takeda, T. Ohdaira, R. Suzuki, K. Ito, Y. Kobayashi, and T. Ougizawa: *Polymer* **50**, 3343 (2009).

9) J. L. Keddie, R. A. L. Jones, and R. A. Cory: *Europhys. Lett.* **27**, 59 (1994).

10) J. L. Keddie, R. A. L. Jones, and R. A. Cory: *Faraday Dis.* **98**, 219 (1994).

11) J. A. Forrest, K. Dalnoki-Veress, J. R. Stevens, and J. R. Dutcher: *Phys. Rev. Lett.* **77**, 2002 (1996).

12) C. Zhang, Y. Fujii, and K. Tanaka: *ACS Macro Lett.* **1**, 1317 (2012).

13) R. Seemann, S. Herminghaus, and K. Jacobs: *Phys. Rev. Lett.* **86**, 5534 (2001).

14) D. Kawaguchi, Y. Tateishi, and K. Tanaka: *J. Non-Cryst. Solids* **407**, 284 (2015).

15) J. Y. Chung, A. J. Nolte, and C. M. Stafford: *Adv. Mater.* **23**, 349 (2011).

16) Y. J. Liu, Y. C. Chen, S. Hutchens, J. Lawrence, T. Emrick, and A. J. Crosby: *Macromolecules* **48**, 6534 (2015).

17) H. K. Nguyen, S. Fujinami, and K. Nakajima: *Polymer* **87**, 114 (2016).

18) P. A. O'Connell and G. B. McKenna: *Science* **307**, 1760 (2005).

19) A. Perriot and E. Barthel: *J. Mater. Res.* **19**, 600 (2004).

20) C. A. Clifford and M. P. Seah: *Nanotechnology* **17**, 5283 (2006).

21) H. K. Nguyen, S. Fujinami, and K. Nakajima: *Polymer* **106**, 64 (2016).

22) K. A. Page, A. Kusoglu, C. M. Stafford, S. Kim, R. Joseph Kline, and A. Z. Weber: *Nano Lett.* **14**, 2299 (2014).

23) P. A. O'Connell, S. A. Hutcheson, and G. B. McKenna: *J. Polym. Sci. Part B Polym. Phys.* **46**, 1952 (2008).

24) K. L. Ngai, D. Prevosto, and L. Grassia: *J. Polym. Sci. Part B Polym. Phys.* **51**, 214 (2013).

索　引

【英数字】

Adam-Gibbs 理論, 31
α_a 緩和過程, 50
ATR, 100
β 緩和過程, 50
Carpick-Ogletree-Salmeron
　　（COS）理論, 38
Case II 拡散, 80
Cassie モデル, 6
Derjaguin-Muller-Toporov
　　（DMT）理論, 36
GIXD 法, 14
Gordon-Taylor 式, 84
Guth-Gold 式, 88, 93
Hertz モデル, 34
Johnson-Kendall-Roberts（JKR）
　　理論, 36
LFM, 50
Maugis-Dugdale（MD）理論, 38
NR, 75
SFG 分光, 8
Tabor パラメータ, 39
Wenzel モデル, 6
Williams-Landel-Ferry（WLF）
　　式, 60
X 線光電子分光, 17
Young の式, 4

【あ】

異種固体界面, 75
位相イメージング, 22, 25
エネルギー散逸, 25, 27
エバネッセント波, 100

応力鎖, 96
応力伝搬距離, 128
温度時間換算則, 31, 55

【か】

界面, 3
界面ポテンシャル, 116
拡散係数, 83, 86
カップリングモデル, 129
ガラス転移温度, 1
ガラス転移領域, 58, 107
換算弾性率, 44
緩和時間, 2
緩和弾性率, 62
吸着鎖, 75
吸着層, 74
凝着エネルギー, 36
協同運動性, 49
協同的な再配置領域, 31
近接場光学顕微鏡, 113
クリープコンプライアンス, 62
蛍光寿命, 101
結晶性高分子, 14
原子間力顕微鏡, 21
減衰全反射, 100
減衰長, 17
構造再編成, 111
混合自由エネルギー, 16
混合層厚み, 86

【さ】

サブ Rouse モード, 129
視斜角入射 X 線回折法, 14
自由エネルギー, 4

自由体積, 31
瞬間弾性率, 62
水平力顕微鏡測定, 50
スーパーネットワーク構造, 97
製膜履歴, 72
セグメント運動, 49
接触角, 4
接触力学, 34
相互拡散, 83
走査プローブ顕微鏡, 21
束縛効果, 123
損失正接, 68, 104
損失弾性率, 68, 104

【た】

弾性率, 43
中性子反射率, 75
貯蔵弾性率, 68, 104
動的スチフネス, 66
動的弾性率, 66
トレイン, 75

【な】

ナノバブルインフレーション法, 128
ナフィオン, 81
濡れ, 4
濡れの拡張係数, 5
粘性分布, 28
粘性率, 62
濃縮層, 80
濃度勾配, 16

【は】

バウンドラバー, 77, 89
バックリング法, 121, 128
バルク, 3

標準線形固体粘弾性, 62
表面, 3
表面 T_g, 47
表面過剰量, 16
表面組成, 17
表面弾性率, 34, 45
表面張力, 4
表面粘弾性関数, 55
表面分子運動特性, 50
フィック則, 83
フィラー充塡ゴム, 88
フォースディスタンスカーブ, 39
フォースマッピング, 23, 42
ブリッジフィラー網目, 97
分散地図, 65, 108
分子鎖の広がり, 113
変性基, 77
ポアソン比, 35
膨潤層, 44
補強メカニズム, 88

【ま】

マスターカーブ, 60, 107
末端基, 46
密度分布, 78

【や】

ヤング率, 35

【ら】

力学物性, 44
立体規則性, 50
ループ, 75

【わ】

和周波発生分光, 8

memo

memo

著者紹介

田中 敬二(たなか けいじ)
1997 年 九州大学大学院工学研究科博士課程修了
現　在 九州大学大学院工学研究院応用化学部門 教授
　　　 博士(工学)

中嶋 健(なかじま けん)
1997 年 東京大学大学院工学系研究科博士課程修了
現　在 東京工業大学物質理工学院応用化学系 教授
　　　 博士(工学)

高分子基礎科学 One Point 10
物性 II：高分子ナノ物性
Physical Properties of Polymers at Nanoscale

2017 年 5 月 25 日　初版 1 刷発行

編　集　高分子学会　ⓒ 2017
著　者　田中 敬二・中嶋 健
発行者　南條光章
発行所　共立出版株式会社
　　　　郵便番号　112-0006
　　　　東京都文京区小日向 4-6-19
　　　　電話　03-3947-2511（代表）
　　　　振替口座　00110-2-57035
　　　　http://www.kyoritsu-pub.co.jp/

印　刷　大日本法令印刷
製　本　協栄製本

検印廃止
NDC 428.1
ISBN 978-4-320-04444-9

一般社団法人
自然科学書協会
会員

Printed in Japan

高分子学会 編集

高分子基礎科学 One Point
全10巻

【編集委員会】
渡邉正義(委員長)・斎藤 拓・田中敬二・中 建介・永井 晃

本シリーズは，高分子精密合成と構造・物性を含めた全10巻から構成される。従来1冊の教科書を10冊に分け，各巻ごとに一テーマがまとまっているため手軽に学びやすく，また基礎から最新情報までが平易に解説されているので初学者から専門家まで役立つものとなっている。　【各巻：B6判・100～184頁・並製・本体1,900円(税別)】

❶ 精密重合Ⅰ：ラジカル重合

上垣外正己・佐藤浩太郎著
ラジカル重合の基礎／ラジカル重合の立体構造制御／ラジカル共重合の制御／リビングラジカル重合／他

❷ 精密重合Ⅱ：イオン・配位・開環・逐次重合

中 建介編著
高分子の合成反応／アニオン重合(アニオン重合の基礎他)／カチオン重合／開環重合／配位重合／逐次重合

❸ デンドリティック高分子

柿本雅明編集担当
デンドリマーの合成／ハイパーブランチポリマーの合成／星型ポリマーの合成／環状高分子の合成／他

❹ ネットワークポリマー

竹澤由高・高橋昭雄著
熱硬化性樹脂の基礎科学／バイオマス由来熱硬化性樹脂／配向制御による高次構造制御と機能発現／他

❺ ポリマーブラシ

辻井敬亘・大野工司・榊原圭太著
ポリマーブラシの合成／ポリマーブラシの構造・物性／ポリマーブラシの機能／ボトルブラシ／他

❻ 高分子ゲル

宮田隆志著
高分子ゲルとは／ゲルの基礎理論(ゲル化理論他)／ゲルの形成／ゲルの構造／ゲルの物性／ゲルの機能

❼ 構造Ⅰ：ポリマーアロイ

扇澤敏明著
ポリマーアロイとは／相溶性／相分離挙動と構造／相分離構造制御／異種高分子界面／相分離構造の評価／他

❽ 構造Ⅱ：高分子の結晶化

奥居徳昌著
高分子単結晶／高分子結晶の集合組織／高分子の結晶化機構／結晶の熱的性質／結晶の力学的性質

❾ 物性Ⅰ：力学物性

小椎尾 謙・高原 淳著
高分子の特徴と力学特性／ゴム弾性／高分子の粘弾性／高分子の塑性変形／破壊現象／シミュレーション／他

❿ 物性Ⅱ：高分子ナノ物性

田中敬二・中嶋 健著
界面の考え方／表面構造／表面物性(立体規則性の効果他)／界面構造／界面物性／薄膜構造と物性

(価格は変更される場合がございます)

共立出版

http://www.kyoritsu-pub.co.jp/